全民科普 创新中国

航空母舰大争霸

冯化太◎主编

汕头大学出版社

图书在版编目（CIP）数据

航空母舰大争霸 / 冯化太主编. -- 汕头：汕头大学出版社，2018.8（2023.5重印）

ISBN 978-7-5658-3710-4

Ⅰ．①航… Ⅱ．①冯… Ⅲ．①航空母舰－青少年读物

Ⅳ．①E925.671-49

中国版本图书馆CIP数据核字（2018）第163946号

航空母舰大争霸　　HANGKONG MUJIAN DA ZHENGBA

主　　编：冯化太
责任编辑：汪艳蕾
责任技编：黄东生
封面设计：大华文苑
出版发行：汕头大学出版社
　　　　　广东省汕头市大学路243号汕头大学校园内　邮政编码：515063
电　　话：0754-82904613
印　　刷：北京一鑫印务有限责任公司
开　　本：690mm×960mm　1/16
印　　张：10
字　　数：126千字
版　　次：2018年8月第1版
印　　次：2023年5月第2次印刷
定　　价：45.00元
ISBN 978-7-5658-3710-4

前言
PREFACE

习近平总书记曾指出："科技创新、科学普及是实现创新发展的两翼，要把科学普及放在与科技创新同等重要的位置。没有全民科学素质普遍提高，就难以建立起宏大的高素质创新大军，难以实现科技成果快速转化。"

科学是人类进步的第一推动力，而科学知识的学习则是实现这一推动的必由之路。特别是科学素质决定着人们的思维和行为方式，既是我国实施创新驱动发展战略的重要基础，也是持续提高我国综合国力和实现中华复兴的必要条件。

党的十九大报告指出，我国经济已由高速增长阶段转向高质量发展阶段。在这一大背景下，提升广大人民群众的科学素质、创新本领尤为重要，需要全社会的共同努力。所以，广大人民群众科学素质的提升不仅仅关乎科技创新和经济发展，更是涉及公民精神文化追求的大问题。

科学普及是实现万众创新的基础，基础更宽广更牢固，创新才能具有无限的美好前景。特别是对广大青少年大力加强科学教育，使他们获得科学思想、科学精神、科学态度以及科学方法的熏陶和培养，让他们热爱科学、崇尚科学，自觉投身科学，实现科技创新的接力和传承，是现在科学普及的当务之急。

近年来，虽然我国广大人民群众的科学素质总体水平大有提高，但发展依然不平衡，与世界发达国家相比差距依然较大，这已经成为制约发展的瓶颈之一。为此，我国制定了《全民科学素质行动计划纲要实施方案（2016-2020年）》，要求广大人民群众具备科学素质的比例要超过10%。所以，在提升人民群众科学素质方面，我们还任重道远。

我国已经进入"两个一百年"奋斗目标的历史交汇期，在全面建设社会主义现代化国家的新征程中，需要科学技术来引航。因此，广大人民群众希望拥有更多的科普作品来传播科学知识、传授科学方法和弘扬科学精神，用以营造浓厚的科学文化气氛，让科学普及和科技创新比翼齐飞。

为此，在有关专家和部门指导下，我们特别编辑了这套科普作品。主要针对广大读者的好奇和探索心理，全面介绍了自然世界存在的各种奥秘未解现象和最新探索发现，以及现代最新科技成果、科技发展等内容，具有很强的科学性、前沿性和可读性，能够启迪思考、增加知识和开阔视野，能够激发广大读者关心自然和热爱科学，以及增强探索发现和开拓创新的精神，是全民科普阅读的良师益友。

目 录
CONTENTS

海上霸主航空母舰

航空母舰的类别和发展

航空母舰，简称"航母"或"空母"，苏联称之为"载机巡洋舰"。中文"航空母舰"的称呼来自日文汉字，这是一种以舰载机为主要作战武器的大型水面舰艇。现代航空母舰及其

舰载机已成为高技术密集的军事系统工程。

　　航空母舰一般是一支航母舰队中的核心舰船，有时还作为航母舰队的旗舰。舰队中的其他船只为它提供保护和供给。

　　航空母舰按所担负的任务分，有攻击航空母舰、反潜航空母舰、护航航空母舰和多用途航空母舰；按其舰载机性能可分为固定翼飞机航空母舰和直升机航空母舰，前者能搭乘和起降包括传统起降方式的固定翼飞机和直升机在内的各种飞机，后者则只能起降直升机或是可以垂直起降的固定翼飞机。

　　按吨位分，有超级航空母舰、大型航空母舰、中型航空母舰和小型航空母舰。超级航空母舰是满载排水量9万吨以上航母，美军核动力航母均为超级航母；大型航空母舰是满载排水量6万吨到9万吨的航母；中型航空母舰是满载排水量3万吨到6万吨的航母；小型航空母舰是满载排水量3万吨以下的航母。

航母按动力分，还可以分为常规动力航空母舰和核动力航空母舰。

航空母舰的起源可以追溯到20世纪初期。世界上最早尝试从一条停泊的船只上起降飞机的飞行员是美国人尤金·伊利，他于1910年11月14日驾驶一架"柯蒂斯"双翼机从美国海军"伯明翰"号轻巡洋舰上起飞。

两个月后的1911年1月18日，他又成功地降落在"宾夕法尼亚"号装甲巡洋舰上长31米、宽10米的木制改装滑行台上，成为第一个在一艘停泊的船只上降落的飞行员。

英国人查尔斯·萨姆森是第一个从一艘航行的船只上起飞的飞行员。1912年5月2日他从一艘行驶中的战舰上起飞。

第一艘为飞机同时进行起降作业提供跑道的船只是英国"暴怒"号巡洋舰，它的改造于1918年4月完成。该舰在舰体中部上层建筑前半部铺设了70米长的飞行甲板用于飞机起飞；后部加装了87米长的飞行甲板，安装简单的降落拦阻装置用于飞机降落。

第一艘安装全通飞行甲板的航空母舰是由一艘客轮改建的英国的"百眼巨人"号航空母舰，它的改造于1918年9月完成。飞行甲板长168米。甲板下是机库，有多部升降机可将飞机升至甲板上。

1918年7月19日，7架飞机从"暴怒"号航空母舰上起飞，攻击德国停泊在同德恩的飞艇基地，这是第一次从母舰上起飞进行的攻击。

1917年，英国按照航空母舰标准全新设计建造了"竞技神"号航空母舰，又译作"赫尔姆斯"号。该舰第一次使用了舰桥、桅杆、烟囱等在飞行甲板右舷的岛状上层建筑。

第一艘服役的、从一开始就作为航空母舰设计的船只是日本的"凤翔"号航空母舰，它于1922年12月开始服役。从此，全通式飞行甲板、上层建筑岛式结构的航空母舰，成为各国航空母舰的样板。

美国第一艘航空母舰是1922年3月22日正式启用的"兰利"号。"兰利"号航空母舰并不是一开始就以航空母舰为用途所建造的舰艇，其前身是1913年下水的"木星"号补给舰，美国海军看上它载运煤炭用的腹舱容量充足，因此将其改装为航空母舰。

第一次世界大战结束后，1922年各海军强国签署的《华盛顿海军条约》严格控制了战列舰建造，但条约准许各缔约国利用部分停建的战舰改建航空母舰。例如，美国列克星敦级航空母舰、日本的"赤城"号航空母舰和"加贺"号航空母舰。

在航空母舰上装备重型火炮是这一阶段航空母舰发展的特色。但是，当时各国海军中有许多人墨守旧观念，把重炮巨舰视为海战制胜的主要力量，而航母只当作是舰队的辅助力量，认为其主要任务是侦察。

1930年代，英国建造的皇家"方舟"号航空母舰采用了全封闭式机库、一体化的岛式上层建筑、强力飞行甲板、液压式弹射器，被誉为"现代航母的原型"。

1936年，《华盛顿海军条约》期满失效，海军列强又展开了新一轮军备竞赛。美国的约克城级航空母舰、日本的翔鹤级航空母舰、英国光辉级航空母舰，都是这一时期的杰作。

　　航空母舰在第二次世界大战中首度被广泛运用。它是一座浮动式的小航空站，可以携带着战斗机以及轰炸机远离国土，来执行攻击敌人目标的任务。这使得航空母舰可以由空中来攻击陆地以及海上的目标，尤其是那些远远超过一般舰炮射程之外的目标。

　　由航空母舰上起飞的飞机的战斗半径一直不断地在改变海军的战斗理论，敌对的舰队现在必须在看不到对方舰船的情况下，互相进行远距离的战斗。这彻底终结了战列舰为海上最强军舰的优势地位。

　　航空母舰在战争中初建功勋是在1940年11月11日，英国海军的"光辉"号航空母舰出动鱼雷轰炸机攻击了塔兰托港内的

意大利海军并且击沉1艘、击伤3艘战列舰。此举使美国等海上强国意识到航母时代的来临。

在第二次世界大战中，航空母舰在太平洋战场上起了决定性作用：从日本海军航空母舰编队偷袭珍珠港，到双方舰队自始至终没有见面的珊瑚海海战，再到运用航空母舰编队进行海上决战的中途岛海战，从此航空母舰取代战列舰成为现代远洋舰队的主力。

当时，美国建造了大批埃塞克斯级航空母舰，组成庞大的航空母舰编队，成为海战的主角。战争期间廉价的小型护航航空母舰被大量建造，投入到反潜护航作战中。

第二次世界大战结束后出现的斜角飞行甲板、蒸汽弹射器、助降瞄准镜的设计，提高了舰载重型喷气式飞机的使用效率和安全性。高性能喷气式飞机得以搭载到现代化的航空母舰上。美国福莱斯特级航空母舰就是第一艘专为搭载喷气式飞机而建造的航空母舰。

1961年11月25日，美国建成服役的"企业"号航空母舰是世界上第一艘用核动力推动的航空母舰，即核动力航母。采用核动力的最大好处是提高续航能力。

核动力燃料更换一次可连续航行数十万海里，使航空母舰具备了近乎无限的机动能力，消除了常规动力航空母舰大型烟囱对飞行作业的影响。从此美国海军建造了一系列排水量8万吨以上的尼米兹级航空母舰。

英国财力衰弱使皇家海军无力拥有大型航空母舰，其无敌级航空母舰很像第二次世界大战中的小型护航航空母舰，只能采用滑跳甲板、垂直短距起降飞机。1982年，在英国、阿根廷的马尔维纳斯群岛争端中，英国依靠航空母舰在远离本土8000英里的地方取得胜利。

两个超级大国之一的苏联在建造航母方面也不甘落后，它们最终建成的"库兹涅佐夫"号航空母舰采用滑跳甲板避免了安装复杂的弹射装置。另外，该国采用垂直起降飞机的基辅级航空母舰全部装有重型武器装备。

法国曾经是海上强国，强盛时仅次于大英帝国皇家海军。在二战爆发前夕，法国是世界第四大海军，仅次于英国、美国和日本。作为海上强国，法国人对航母的渴望也从未停止过。

在20世纪20年代，法国海军为了开发航空母舰技术，将诺曼底级5号舰"贝阿恩"号从战列舰改装成航空母舰。此后由于二战的爆发，法国建造航母的步伐终止。

二战后，法国曾拥有5艘航空母舰，但都是租借美英等国的，此后因陈旧都陆续淘汰。直至20世纪50年代，法国才又建造了2艘航母。冷战结束后，法国又建造了核动力航母"戴高乐"号，成为欧洲唯一拥有核动力航母的国家。

21世纪初，世界上所有航空母舰一共约可以装载1250架飞机，其中美国的载机数超过1000架。英国和法国正在扩大其载机量，法国的"戴高乐"号载机数十架，英国计划建造的"伊丽莎白女王"号航母载机也是四五十架。

拓展阅读

尤金·伊利，1886年10月出生在爱荷华州威廉斯堡，他在当汽车推销员时，偶然学会了飞行，并1910年10月获得了美国航空飞行员协会的执照。1910年11月14日，他在进行飞行表演时，首次驾驶飞机从船上起飞，创造了舰载飞机飞行的纪录。

航空母舰的舰体结构

　　航空母舰主要由三部分组成：舰岛、飞行甲板和下层船舱。不同的构成有不同的用途，下面一一介绍。

　　舰岛是航母的飞行甲板上层建筑，工作人员在这里控制行进方向指挥空中交通，监视甲板上的活动。雷达和通讯设备也

安装在这里。

现代航空母舰通常将上层建筑集中在飞行甲板的右侧，称为"舰岛"。从飞机起降的要求上讲，甲板上空无一物是最理想的，但航母的指挥塔、飞行控制室、航海室、雷达和通信天线等又是需要高耸在甲板上的，所以现代航空母舰都是将这些上层建筑设计得很紧凑，空出甲板的绝大部分来方便飞机起降。

现代航母力求外形简洁以减少雷达反射截面积，但其中技术非常复杂，目前已实现了上层建筑的"集结化"，包括多功能相控阵雷达、封闭桅杆、电磁辐射系统和多功能射频系统。

飞行甲板是航空母舰上供飞机起降和停放的上层甲板，按照任务需求可将其划分为起飞区、降落区和停放区。飞行甲板下设有廊形夹层、水密隔舱、机库、武器库和船员住舱，大型航母的甲板甚至可达6层之多，而甲板侧边则有两到四座升降机用于将飞机运到甲板或机库。船头采用封闭设计，从飞行甲板到船头皆为一体成形。

现代航空母舰的飞行甲板通常比船体宽得多，从正面看去，飞行甲板向船体两舷张出，形状十分怪异。由于飞行甲板要承受飞机降落时的强烈冲击载荷，因此需用高强度金属制成。

观察美军的尼米兹级航母可以发现，航母上有两条跑道，一条直的与一条斜的，斜的那条就是斜角飞行甲板。设置这两条跑道的目的是为了可以让航母同时进行起飞和降落作业，如

果只有一条直通甲板的话，飞机起飞时只得让停放的飞机挤在飞行甲板后半部，而将前半部用作起飞的跑道。

然而，这样做不仅影响了飞机的滑跑距离，还必须等飞机起飞腾出跑道，空中的飞机才可以降落，并且稍有不慎，后降落的飞机很容易碰撞到先降落的飞机。

针对这个问题，英国人在1952年2月发明了斜角甲板。斜角甲板又叫斜、直两段甲板，位于飞机甲板的左侧，与舰艇舰艉中心线呈6到13度的夹角。有了这个角度，飞机降落就可与停驻的飞机和起飞作业区分流，同时还可实现弹射和回收作业同时进行。

回收区的角度相当重要。角度愈大，对驾驶员着舰的难度就愈大。此外，斜角甲板的设计还可使降落区免遭左舷前弹从喷气火焰挡板引出的热气流，从而降低空气紊流的干扰。通常

斜角甲板上只装有供飞机降落用的阻拦索，然而极少数航空母舰的斜角甲板上也装有一两座弹射器，其目的在于在没有飞机降落时，供飞机起飞之用。

航空母舰上的飞机在准备起飞时就已将喷气发动机全速运转，此时它会向后喷出高温高速燃气流，对后方的飞机和工作人员危害很大。这时，弹射器的后方会升起导流板，使飞机喷出的燃气流向上偏转，避免影响到后方的飞机。为了降低燃气流的灼热温度，导流板后面都装有供冷却水循环流动的格状水管。

下层船舱主要是生活区、用餐区以及推进系统、动力装置等维持这座海上机场运转的设施。

航空母舰是一座"海上城市"，各种生活设施如餐厅、便利店等一应俱全。此外，航母上每周都要改善生活，供应大龙虾、螃蟹、烤牛排等。在没有作战任务时，船员们还会选择好天气在甲板上举办露天烧烤聚会。

除了饮食，丰富多彩的文化娱乐活动也是航母上的重要组成部分。为了给船员们增添乐趣以排遣长期在海上航行带来的心理不适，航母上经常会举办篮球赛、拔河比赛、演唱会、表演秀等不同类型的文娱活动，以使船员们在工作之余获得精神上的享受和身体上的放松。

航空母舰的轮机舱是整艘船的动力中枢，也是决定其重量与体积的关键之一。一般来说主机分为柴油机、燃气涡轮机、蒸气轮机和核反应炉，由于航母属大型水面舰艇，以柴油机为主动力推力不足，而燃气涡轮则燃料耗量大，故现代大型航母多用后两者。

小型航母则使用燃气涡轮机，外加柴油机辅助，而中大型传统起降航母则使用蒸汽轮机，这些蒸汽可用于推进涡轮、灭火和注入蒸汽弹射器，若其蒸汽来源为核反应堆则为"核动力航空母舰"，否则即被称作"常规动力航空母舰"。

核动力航母相比传统动力的优势极为显著，其拥有后者难以比拟的航程。以尼米兹级为例，它可连续航行约20年，1克的铀可产生两吨重油燃烧产生的热量，能量转换效率极高。核动力航母可制造大量的淡水和充沛的电能，可用于空调和大量电器以改善乘员的生活环境，也因为排除了管线和储存油料的舱房等空间而使可装载的物资更多、人员起居空间变得更大、自持战斗能力更久。通常一艘核动力航空母舰在无补给条件下能连续作战12昼夜，而常规动力航空母舰只能连续作战7昼夜。

甲板下面的机库为储存和整备航空母舰舰载机的地方，又

分成"开放"和"封闭"两种。采用开放结构的航母舰体为机库，甲板上方再额外建造机库墙壁、甲板支撑柱等结构，再加上飞行甲板。开放机库的优点为通风良好、伤害小，炸弹若击入机库中爆炸造成的冲击波会释放到外面；结构简洁、容纳飞机多以及可依据舰载机尺寸作修正。

封闭机库则为机库与船体结构整个一体成形，飞行甲板为封闭强化结构，这种机库的优点有防御力强、结构坚固、核生化防护好等。但由于封闭机库容易累积易挥发的气体，受到攻击或者是意外而着火时舰载机不能直接丢入海中等问题，一度很难被船舰设计师所接受。

然而，当舰载机喷气化后，航空燃料变得相当安全，加上后来发展的消防灭火与监控装置协助，封闭机库因而成为了主流。机库内除了航空飞行联队的维修人员外，还有隶属于航母的飞机中期维修部门，负责进行较大工程的维修作业。

武器库是用来储备各种炸弹、鱼雷、导弹与火箭的区域，位于船舰底部、水线之下，为船头尾各一处，中间则为机库，这些武器多以半组装方式收纳。

为了将其送至甲板，武器库有着比飞机升降机更小的专用升降机，将武器从库中升到上一层甲板，由各层作业员进行阶段性的组装，再由该甲板的其他升降机往上送，以防止弹药意外诱爆的情况。

另外，还有联结到舰岛右侧后方的一个武器集中区域，此处被称作"武器牧场"。若弹药爆炸可利用舰岛作遮掩，以降低对甲板上飞机的损害。

拓展阅读

舰载机应该也算航空母舰构成的一部分。舰载机是航母上最好的进攻和防御武器，因为没有一种舰载雷达的扫描范围能超过预警机，没有一种舰载反舰导弹的射程能超过战斗机的航程，没有任何一种舰载反潜设备的反潜能力能超过反潜机。整个航空母舰战斗群可以对数百千米外的目标实施搜索、追踪、锁定、攻击。

航空母舰的起降方式

固定翼飞行器从航空母舰起飞的方式可以分三种。

第一种是蒸汽弹射起飞，使用一个平的甲板作为飞机跑道。起飞时一个蒸汽驱动的弹射装置带动飞机在两秒钟内达到起飞速度。只有美国具备生产这种蒸气弹射器的成熟技术。

蒸汽弹射有两种弹射方式，一种是前轮弹射，由美国海军于1964年试验成功，弹射时由滑块直接拉着飞机前轮起飞。这

种方式不用人为飞机挂拖索和捡拖索，弹射时间减短，飞机安全性好。美国现役航母都采用这种方式。一种是拖索式弹射，顾名思义，就是用钢质拖索牵引飞机加速起飞，这种弹射方式比较老，各方面都不如前者好，只有法国的克莱蒙梭级航母使用。

　　第二种是斜板滑跳起飞。有些航空母舰在其甲板前端有一个"跳台"帮助飞机起飞。飞机在起飞的时候以自己的动力经由跳台的协助跳上空中。这种起飞方式不需要复杂的弹射装置，但是飞机起飞时的重量以及起飞的效率不如弹射。英国、意大利、印度和俄罗斯的一些航空母舰便采用这种技术。这两种情况下航空母舰都必须以每小时36千米以上的速度逆风航行，来帮助飞机起飞。

第三种是垂直起降。垂直起降技术顾名思义就是飞机不需要滑跑就可以起飞和着陆的技术。它是从20世纪50年代末期开始发展的一项航空技术。英国、美国、俄罗斯的一些航空母舰采用这种技术。

除此以外，电磁弹射器是正在研究中的下一代飞机弹射装置，与传统的蒸汽式弹射器相比，电磁弹射具有容积小、对舰上辅助系统要求低、效率高、重量轻、运行和维护费用低廉的好处。

在航空母舰上降落，尤其是在夜间或在天气不好的情况下，对飞行员是一个极大的考验。以美国航空母舰为例，其降落过程是这样的：首先回归的飞机要进入环绕母舰的环型航线以降低飞行高度和速度，有些时候可能还需要脱离等待中的降落航线去进行空中加油。

在降落时飞机的速度要降低到几乎失速的地步。飞行员放下起落架、襟翼与空气减速板，将捕捉钩伸出，维持一定的速度和下滑速率。航母上的降落官指挥飞机降落，他不断地告诉飞行员，他离最佳情况的偏差是多少；航空母舰上的灯光提示飞行员，下降时的角度是否正确。

在航空母舰的飞行甲板后部有四条拦截索。降落的飞行员必须让飞机捕捉钩挂上其中一条。在最佳情况下他应该挂上第三条，假如他挂上前两条，那么他的下降角度太平，假如他挂上最后一条，那么他的下降角度太陡。

在着陆时飞行员必须将飞机完全压低，这样他可以保证钩住一条拦截索。同时他必须将发动机开到最大，这样假如他没有挂上拦截索的话可以在最短的时间之内加速离开甲板，重新回到降落航线。

拦截索是由液压制动的，它可以在两秒钟和50米内使飞机停下来。飞行员会依照甲板上的地勤人员的指示将发动机的推力降低到慢车并且离开降落区。

在紧急情况下，比如飞机的挂钩损坏了，飞机无法使用拦截索停下来，在甲板上可以拉起拦截网来协助飞机迫降。又或者飞机会再次拉起，重新降落。

起飞就简单多了：飞机的前轮被挂在起飞装置中，操作起飞装置的官员必须知道飞机的型号和载重来调节起飞装置。为了保护甲板上的人员和器械，在飞机后面要装上屏蔽飞机喷气流的壁板。

飞行员在得到起飞许可后加足马力，同时用刹车防止飞机运动。在他得到起飞信号的同时他要放开刹车，同时起飞装置启动，将飞机弹出跑道。这个过程一共持续1.5秒钟。

航空母舰飞行甲板上的地勤人员以美国海军为例，通常按照司职分为七类，其中每个人都被指定着有色运动衫或显眼的外套。被指派负责某类单独作业的人员佩戴不同颜色的头盔、穿着特殊记号或在运动衫及外套上有指定标记的衣服加以区分。下面让我们来看看甲板地勤人员的服饰特征及他们的职责：

黄色：飞机准备升空时，航空母舰便转向宜于飞机起飞的航向上。这时引导飞机移动的是身穿黄色工作服的指示人员，他们的任务是将飞机准确地放置在蒸汽弹射器上。

绿色：身穿绿色工作服的弹射器操纵员通过前起落架牵引系统和夹紧装置，将飞机的前起落架与弹射器滑块紧密相连。准备就绪后，穿黄服、戴绿帽的飞机弹射官以手势发出起飞信号。

飞机降落时，身穿绿衣、戴绿头盔的阻拦索操作员负责用阻拦索保证飞机减速降落，使飞机在100米内停住。

红色：身穿红色工作服、戴红头盔的地勤人员负责处理紧

急事物。如飞机失事，救护员、爆炸物处理员、消防员和飞机军械员，都身穿红色工作服进行急救。

棕色：直升机器材检查员穿棕色工作服、戴红帽，外场机械员则穿棕服、戴绿帽。

白色：飞机降落指挥官身着标"LSO"的白色工作服，不戴头盔；中队飞机检查员穿白服、头戴绿盔；白服上标有"LOX"符号、戴白头盔的为液氧员；标有"SAFETY"符号的是安全员；医务人员则是白衣白盔且胸背均标有红十字。

蓝色：穿蓝装属于地勤人员。身着蓝色工作服、头戴白色头盔的是升降机操作员。飞机轮挡员穿蓝服、戴蓝盔，他们负责抽除和垫上轮挡。穿蓝服、戴蓝盔的为传令兵。

紫色：穿紫服紫帽，工作服上印有"F"标志的是航空燃料员，负责航母燃料系统的正常供给。

拓 展 阅 读

2013年10月11日，美国最新下水的"福特"号航母已经装备电磁弹射器。美军研发的电磁弹射器由三大主要部件构成，分别是线性同步电动机、盘式交流发电机和大功率数字循环变频器。

航母作战通信指挥系统

　　航空母舰是海上的浮动机场，它主要使用飞机执行海上作战任务，是海军重要的作战力量，承担保卫国家领土主权和海洋权益、保护海上交通航线、防御敌人进攻等职责，具有强大的威慑作用。

　　一艘航空母舰可能与十多艘作战舰艇和辅助舰艇以及它所搭载的作战飞机、警戒飞机等一起联合组成战斗群体，而且在战斗中还有可能与陆军、空军等友军协同作战，成为多军种协同作战的司令部。

　　航母的活动远离海岸，要与岸上指挥部、空中飞机及其他舰船联络，需要实时、保密、准确地传送重要的战略和战术信息。舰上通信设备种类繁多，覆盖区域大、信息流通量大。系统含有线、无线等多种通信方式和多种信息综合。不同通信系统之间要求互通、互连，因而航母上的通信系统是非常复杂的系统。

　　一般来说，为完成与总部和各军兵种的联络，为与陆基航空兵协同作战，航母需要与海岸上进行远距离通信。在海上为完成对舰队有关兵力的指挥及协同，需要与各种舰艇进行视距、超视距通信。

航母的主要作战力量是舰载飞机，需要与起飞后的舰载飞机进行通信。航母上各战位、各部门还需要内部通信和甲板上为飞机起飞、着舰服务的甲板通信和飞机库通信，如果航母的活动不止一个舰队编队，还要考虑各舰队间的通信。

20世纪90年代航母上的通信系统在自动化方面和技术方面已十分先进，运用了当时世界上最先进的通信技术。

美国海军近年提出的未来全球综合通信结构，即"哥白尼"结构，具有综合舰上各种电子系统的能力，具有非常宽的带宽，支持同步的和异步的数据传输，支持多媒体通信，支持电视电话会议。

卫星通信的频段已由特高频UHF扩展到超高频SHF和极高频EHF。保密的抗干扰数据话音无线通信系统和导航、识别一起综合成供三军使用的联合战术信息分配系统JTIDS。

为了在航空母舰上应用宽带综合业务数字网，需要研究异步传输方式ATM技术。舰内通信系统已运用了光纤综合内部通信和控制结构。

"哥白尼"现代化计划中的关键系统，即通信支援系统是灵活的多媒体共享结构。这些先进技术的应用，使航母通信高度自动化，安全、可靠、联络畅通，具有足够的标准接口和网络管理能力，通用性、互操作性强并且资源可以共享。

航母通信由外部通信和内部通信组成。

内部通信实现舰内各部门间的对讲、会议、通播及广播、告警等话音通信和信号传递，确保对舰载机的安全起飞、返航

的指挥控制通信，保证舰长舰桥指挥所、航母指挥控制系统、主飞行控制台、返航信号指挥室工作台等之间的信息交换与通信，并完成视频信息传输及战术数据的传输。

当前对航母上的内部通信系统有更高的要求，它应具有高级指挥功能，应能综合该舰上的各种工作，使其成为一个统一的战斗实体。内部通信系统应是许多子网组成的网络。

这些子网有航空网、作战系统网、岸网、补给网、行政网、领航和舰船控制网、航行调度网、情报网、旗舰网、通信支援网、损伤控制支援网、作战系统支援网等。

外部通信包括各海上部队使用的近距离通信以及岸上节点与战斗群之间的远距离通信。下面简要介绍航母外部通信的网络和线路。战术部队指挥网为战斗群指挥部门之间进行信息交换服务，使用HF和UHF频段。

　　战术部队电传电报网，用于特混舰队内各舰船之间一般通信联络及作战信息和行政管理信息的交换，并可把报文传送给舰对岸中继船，此网使用HF或UHF频段。

　　战术部队广播网是受战术指挥官控制的网络，在其指挥下向舰艇发送作战及行政管理信息，此网用HF或UHF频段。战术部队专用情报线路用于传送专用情报及作战和协调信息，它使用HF或UHF频段。反潜战空中协调线路用于舰对空及空对空交换反潜战信息，使用HF或UHF频段。

　　航母在反空作战中，使用空中协调线路分发控制飞机的信息，这是HF线路，传送的信息包括：

　　安排及解除空中战斗巡逻、空中管制任务；截击指令，截击任务进展；空中战斗巡逻位置报告，空中战斗巡逻导弹的协调；飞行甲板情况及空中飞机状态的报告，空中搜索及救援的协调和指挥；返航飞机或降落飞机的协调；干扰及电子支援措施等。

反空作战武器协调线路，用于战斗群编队防御炮火、导弹和战斗机截击的协调，它也可用于向小型舰艇传送简单的空情状况，这条线路使用HF或UHF频段。

空中引导控制网专门用于航母上引导飞机，使用UHF频段。着舰／起飞控制网专门用于航母及载有直升机的舰艇控制飞机的起飞及降落，使用UHF频段。

空中预警控制线路用于舰艇与空中预警飞机之间的控制与报告。空中攻击控制网用于控制攻击机，使用UHF或HF频段。战斗机空中引导线路用于战斗群控制截击时的飞机，使用UHF频段。

战术空中交通管制线路用于全面控制所有飞机进入及离开作战区域，使用UHF频段。战术空中指挥线路指挥舰载航空兵大队，并为近距离空中支援和反空作战提供飞机控制。

航母还使用下列数据链路来传送传感器系统、指挥和控制系统及武器系统的数据：

Link11用于交换战术数据，使用HF频段。Link16支持战斗群各分队之间的综合通信、导航和敌我识别，使用UHF频段。Link4A用于把战术飞机和支援飞机与飞机控制部门互连在一起，使用UHF频段。

通用宽频带数据链是一条图像数据通信数据链，提供航空母舰和装备有其他数据链的飞机之间的自动化通信，使用频率

在SHF频段。轻型机载多功能系统数据链用于轻型机载多用途系统直升机与其母舰之间的数据交换。

航母上的远程通信主要完成以下任务：情报数据的传输，传感器数据的通报及分发，部队指挥、作战及武器系统控制、行政管理及后勤支援和紧急战情时战场指挥官交换战情信息。

远程通信主要使用卫星线路，特别是UHF频段的FLTSATCOM舰队卫星线路，航母使用该卫星的通信系统有舰队卫星广播系统、战术指挥官信息交换子系统、战术情报信息交换子系统，公共用户数据信息交换子系统，潜艇卫星信息交换子系统，战术数据信息交换子系统和舰队卫星通信保密话等。另外还有舰对岸备用HF线路，仅在紧急情况下才使用该线路传送信息。

拓 展 阅 读

美国"华盛顿"号航空母舰上装有光纤局域网，海军首脑中心使用军用卫星系统和商用卫星可以与在大海上的该航空母舰之间进行两路全活动电视电话会议和军事情报交流。

续航力惊人的核动力航母

　　核动力航空母舰，简称核航母，是以核反应堆为动力装置的航空母舰。它是一种以舰载机为主要作战武器的大型水面舰艇。世界上除美国外，只有法国拥有一艘核动力航空母舰。依靠核动力航空母舰，一个国家可以在远离其国土的地方、不依靠当地机场情况下对别国施加军事压力和作战。

　　早在20世纪中期，美国建成核潜艇后，就认识到核动力的优越性，于是又决定研制核动力航母。1961年11月，世界上第一艘核动力航母"企业"号建成服役。

　　美国的"企业"号航母上装备核动力装置，使航空母舰具有更大的机动性和惊人的续航力，更换一次核燃料可连续航行10年，而且可以高速地驶往世界上任何一个海域。"企业"号核动力航母的问世，使航空母舰的发展进入新纪元。

　　美国在"企业"号核动力航空母舰基础上又发展了尼米兹级核动力航空母舰，这是继"企业"号核航母之后，美国建造的第二代核动力航空母舰。它的首制舰是"尼米兹"号，于1975年5月建成、服役。

　　"尼米兹"号航母的标准排水量72916吨，舰长332.9米，宽40.8米，舰上装有2座核反应堆和4台蒸汽轮机，航速30节以上。装填一次核燃料可持续使用13年，航程可达到100万海里。舰上可搭载90架各种类型战机，最大舰载机数量超过100架。

尼米兹级是美国海军大型核动力航空母舰，舷号自CVN-68至CVN-77，共计建造10艘。从20世纪60年代开始设计建造，直到21世纪初，尼米兹级一直是美国海上力量和全球战略的支柱。

现在，美国正在发展和建造福特级核动力航空母舰，它是在尼米兹级核动力航空母舰的基础上发展起来的。美国拥有世界上最多和最大的航空母舰，并拥有企业级、尼米兹级大型核航母，是当今世界上航母力量最强大的国家。

核动力航母的研制包括五大技术：即舰载机、母舰总体、核动力装置、飞机起降装置、航空管制与光电引导着舰控制系统。其中飞机起降装置含弹射器、阻拦装置、升降装置等。

核航母的主要武器装备是它装载的各种舰载机，有战斗机、轰炸机、攻击机、侦察机、预警机、反潜机、电子战机等。航空母舰用舰载机进行战斗，直接把敌人消灭在距离航母数百千米之外的领域。舰载机是航空母舰最好的进攻和防御武器。所以，航母是海上浮动机场。

除了舰载机外，航空母舰上也装备自卫武器，有火炮武器、导弹武器。航母的主要任务是以其舰载机编队，夺取海战区的制空权和制海权。

　　航母不是单独活动、单兵作战的，而是以航空母舰战斗群形式活动和作战的。航空母舰战斗群简称航母战斗群，是一支以航空母舰为首的作战舰队，即航母舰队。

　　航母战斗群以大型航母为核心，美国海军目前有12艘航空母舰，包括10艘核动力型与2艘常规动力型，也就是说美国海军可以组建12支航空母舰战斗群。

　　美国的一支核航母战斗群以1艘航母尼米兹或者企业级核航母为核心，即为航母舰队的旗舰，还会配备1~2艘导弹巡洋舰、2~3艘导弹驱逐舰、1~2艘护卫舰、1艘快速战斗支援舰、2~3艘补给舰。

核航母战斗群作为海军的快速机动力量，可以在远离美国本土，不依赖陆上机场的情况下完成以下战斗任务：

一是进行海上战斗，进行大规模海空正面决战。

二是在战争期间保护海上运输航道的使用与安全，特别是保护两栖部队的运输与任务执行。

三是从海上支援陆战部队，协同陆基飞机共同形成与维持特定地区的空中优势，夺取陆上战争的胜利。例如，在海湾战争和伊拉克战争期间，美国就出动核航母战斗群，支援、协助陆战部队进行陆上战斗。

四是平时在海上展示力量，以武力展示的手段满足国家利益需求。美国常常用这种方法达到政治目的。

拓展阅读

核动力是利用可控核反应来获取能量，从而得到动力、热量和电能。因为核辐射问题和现在人类还只能控制核裂变，所以核能暂时未能得到大规模的利用。核能每年提供人类获得的所有能量中的7%，或人类获得的所有电能中的15.7%。

强大的航空母舰战斗群

　　航空母舰战斗群以大型航母为核心，集海军航空兵、水面舰艇和潜艇为一体，是空中、水面和水下作战力量高度联合的海空一体化机动作战部队，具有灵活机动、综合作战能力强、威慑效果好等特点，可以在远离军事基地的广阔海洋上实施全天候、大范围、高强度的连续作战。

　　航空母舰战斗群也是显示国家力量、支持外交政策、保证国家利益、制止危机和冲突的有效兵力。和平时期它可以通过军事演习、访问他国军港等活动开展外交与军事合作；危机时期它可以通过快速部署来实施武力威慑；战争时期它可以对敌海上和陆上纵深目标实施战术或战略核、非核攻击。

　　虽然航母能投射大量的空中武力，但是舰母本身的防御能力薄弱。所以需要其他舰艇，包括水面与水下舰艇提供保护。航母战斗群的分工可以看成航母执行任务，而其他舰艇保护航母。航母战斗群各有不同，不过现在一个美军航母战斗群基本

上由以下舰艇组成：

一艘航空母舰。航空母舰提供美国政府许多选择，从单纯武力展示到对各类目标发动攻击都有。航母也使飞机不必顾虑使用其他国家机场与航道、空域的问题。航空母舰也可对其他兵种部队提供长时间的战略支持。航母是舰队的旗舰，由一个海军少将以先进的作战系统与通讯设备指挥。

两艘导弹巡洋舰。目前是以配备神盾战斗系统的提康德罗加级巡洋舰担任。这两艘巡洋舰作为航母战斗群的护卫中枢，提供防空、反舰与反潜等多种作战能力。舰上另有战斧巡航导

弹，具有远程打击地面目标的能力。

两到三艘导弹驱逐舰。现役为阿里·伯克级导弹驱逐舰，同样使用神盾作战系统。这些驱逐舰协助舰队当中的巡洋舰扩展防卫圈的范围，同时用于防空、反潜与反舰作战。

一艘反潜护卫舰。现役为派里级导弹护卫舰。

两艘攻击潜艇。现役是洛杉矶级潜艇。用于支持舰队对水面或者是水下目标的警戒与作战。

两到三艘补给舰。用于航母的战斗补给和生活补给。

现在一个美军航母战斗群的攻击与防卫能力很复杂。大致说来是用航空母舰运载的战斗机、攻击机、预警机、反潜机或直升机来攻击、防卫或搜索距离航母数百千米之外的敌人。其他的作战舰艇则以保护航空母舰的操作安全为第一任务，其次是支持航母的攻击任务，并且负责人员的搜救工作。

航母战斗群最初于二战期间参与实战。主要应用于美国与日本的太平洋战争。当时的航母战斗群舰艇数目要比现在大得多。这也是唯一一次航母战斗群对航母战斗群的战争。其中一个有名的例子是中途岛海战。英国也有一些规模较小的航母战斗群在大西洋、地中海以及太平洋地区作战。

冷战期间，航母战斗群的两大任务是在美国与苏联冲突当中保护大西洋航线的安全使用，以及由海上威胁苏联在北大西洋的舰队以及重要陆上目标。

由于苏联很晚才发展全通甲板形式的航空母舰，双方在海战中也就不会轻易出现航母对峙的局面。苏联对应的战术是以飞机、水面舰艇以及潜艇发射大量反舰导弹攻击美国航母战斗群。

为了支持这种战术，苏联需要建构庞大的侦测与攻击系统，这些系统包含海洋侦察卫星、远程海上巡逻机、各种搜集电子情报的水面船只等。

美国海军为应付这种战术，除了提升水面舰艇的作战系统，同时也发展了新一代的舰载与机载作战系统，强化自动目标侦察与识别以及多目标作战能力。这些系统包含AIM-54导弹、F-14"雄猫"式战斗机、神盾战斗系统等。

航空母舰战斗群的战斗核心是航空母舰上的舰载机。基本作战任务防空、反潜、反舰、对地攻击主要由舰载机来执行和完成。

由于航空母舰需要长期远离本土执行军事任务，所面临的环境复杂多变，航空母舰战斗群必须独立对应各种作战环境，

难以得到本土的支撑和支援，因此航空母舰需搭载执行各种必要任务的舰载机。在这个前提下航空母舰搭载的飞机越多越好，越全越好。

航空母舰必须要有足够的吨位，在满足机动性和战术性的前提下，尽可能建造大型的重型航空母舰。

很多人认为航空母舰舰体庞大，行动笨重，容易暴露，容易被攻击，这样的认识是片面的。重型航空母舰在舰体庞大的同时也有优点。

首先装甲厚，抗打击抗毁坏的能力强，不容易沉没。其次搭载的飞机多，而更多的飞机能够更有效地保卫航空母舰及其战斗群的安全，这两个优势决定了重型航空母舰比中小型航空母舰生存能力更强，战斗力更强。

至于机动性和隐蔽性则不完全取决于舰船的吨位，主要还在于舰船的动力和设计。重型航空母舰可以在技术上吸收现代舰船设计上的隐身技术，减小雷达反射面，使用涂层吸收雷达波。

现代核动力技术在舰船上的应用日趋成熟，更强劲的动力系统弥补了大型舰船的机动性。航空母舰的巡航速度一般都在30节以上，机动性不在一般舰船之下。航空母舰的强装甲和高时速，以及本身舰载机的强大战斗力，都能增强航空母舰的远洋生存能力。

根据美军的战机配置可以看出，舰队防空被放在了首要位置，除了22架F/A-18大黄蜂担任主要防空任务外，还有性能更优异的20架F35同样具备空战能力。如此强大的战斗机群基本上可以满足四种状态：

第一，攻击机以及其他作战飞机远航奔袭作战时，为攻击机群或其他任务飞机提供空中掩护和护航。

第二，执行舰队所在海区一定范围内的空中巡逻，为舰队护航。

第三，无论执行何种作战任务，总要有一定规模的战斗机处于战备值班状态，随时准备升空为舰队提供空中掩护，拦截突然来袭的空中目标。

第四，保证部分战机以及空勤人员处于休整状态。

如果达到这四种状态就必须要有足够数量的机群，必须要有足够数量的出击作战护航机群；必须要有足够数量的巡逻警戒机群，必须要有足够数量的战备值班机群，还要保证一定规模的维护与休整。

仅次于舰队防空的是舰队反潜，反潜机同样需要满足四种状态：远距离大范围的反潜巡逻、对潜作战、中距离的反潜巡逻、防止航空母舰战斗群所在海区敌人潜艇的活动袭扰，同时满足战备值班和休整。

防空反潜既是独立的海战任务，也是航空母舰战斗群基本安全的组成部分，在满足了航空母舰战斗群基本安全的条件下，对地攻击和对舰攻击就有了保证，可以获得一定程度的无后顾之忧的海战进攻条件。

22架大黄蜂攻击机，空中压力大时还有20架战斗攻击机，40多架攻击机的规模能够很好地完成对地，对舰的空袭任务，明显的火力优势，有助于作战任务的速战速决，给敌人以有效

杀伤而迅速脱离战场退出战斗，增加总体战斗的安全性。

重型航空母舰搭载各型战机，分工明确，相互协同配合，构成完整的立体空战体系，也构成了航空母舰的主要作战形式，航空母舰战斗群的主要作战任务由舰载机执行。

美国航空母舰战斗群的对空对海警戒搜索一般由提康德罗加级的导弹巡洋舰完成。提康德罗加级导弹巡洋舰具有宙斯盾相控阵雷达系统。

航空母舰战斗群的对空警戒以及对海警戒来自于以下几个方面：一是间谍卫星、侦察卫星对战区的宏观监控；二是舰载预警机；三是巡洋舰或者驱逐舰搭载的雷达系统。

航空母舰战斗群还包括两艘以反潜、搜潜为主的驱逐舰或者护卫舰。驱逐舰或者护卫舰与直升机、反潜机共同构成舰队的远、中、近反潜体系。

潜艇是航空母舰的主要克星之一，为了更有效地防止敌人潜艇的袭扰和保证航空母舰的水下安全，航空母舰战斗群一般还要配备两到三艘攻击型核潜艇，负责航空母舰正面的反潜。最后航空母舰还要配备一到两艘补给支援舰，保证舰队弹药、燃料、给养的补充。

以航空母舰为核心，巡洋舰、驱逐舰、护卫舰、核潜艇、支援舰为辅助，以舰载航空兵为主要作战手段，组成航空母舰战斗群，互为策应，互为依托，在火力和装甲层层的保护下，在有效地抵消了外来威胁后，巡洋舰、驱逐舰、核潜艇上的对地攻击导弹将充分发挥战斗力，以导弹为先锋，撕碎敌人的对空防御和警戒，为舰载攻击机的空袭开路。

拓 展 阅 读

中小型航空母舰不适应高强度的现代海战，因为中小型航空母舰搭载的飞机少，机种不全，难以适应形势复杂的海战，难以同时完成防空、反潜、反舰、对地攻击四种基本海战任务，无法形成对敌的反击优势，对作战产生不利影响。

中国第一艘航母 "辽宁" 号

    "辽宁" 号航空母舰，是中国建造的第一艘航空母舰，也是中国人民解放军海军隶属的首艘可以搭载固定翼飞机的航空母舰。这艘航母是我国用前苏联海军未完工的库兹涅佐夫元帅级航空母舰 "瓦良格" 号改建的。

    20世纪80年代后期，"瓦良格" 号在乌克兰建造时遭逢苏联解体，建造工程中断。1999年，中国购买了 "瓦良格" 号，

于2002年3月拖到大连港。2005年4月，开始由中国海军进行建造改进。2011年8月4日，改装工作基本完成。2012年9月25日，正式更名为"辽宁"号，交付予中国人民解放军海军。

我军购买此艘的目的是对未完成建造的航空母舰进行更改制造，并将其用于科学研究、实验及训练。

"辽宁"号航空舰长306.45米、舰宽70.5米、吃水10.5米；标准排水量56000吨，满载排水量67000吨；飞行甲板长304.5米、宽70.5米。自持力为45天。舰员1960人，其中军官500人。另有航空人员626人。

"辽宁"号的动力系统采用了4台TB-12蒸汽轮机，8部

KVG-4增压锅炉，总功率4轴20万马力；最大航速30节，作战经济航速18节。海上行进速度18节时，续航力为8000海里；29节时为3850海里，10节时为12000海里。

"辽宁"号的舰载武器是在舰尾两侧各配置1座1130近防炮，1座18联装红旗-10防空导弹发射装置，1座24管干扰弹发射装置，1座12管反潜火箭发射装置；在舰首右侧配有1座近防炮；左侧配有1座18联装红旗-10防空导弹发射装置。

"辽宁"号的舰载机配置了24架歼-15战斗机，4架直-18J预警直升机，8架直-18F反潜直升机，4架直-9C搜救直升机。"辽宁"号的雷达系统，配置了346型"海之星"主动

相控阵雷达、舰载对海雷达、对空警戒雷达、9M330对空导弹制导雷达等。

2013年5月10日，中国海军首支舰载航空兵部队在渤海湾畔正式组建，标志着我国航母部队战斗力建设进入了新的发展阶段。舰载航空兵部队作为航母战斗力建设的核心部分，是海军新型作战力量建设的代表和海军战略转型的先锋，在发展航母事业、建设强大海军全局中具有十分重要的作用。

2013年11月，"辽宁"号航空母舰从青岛赴中国南海展开为期47天的海上综合演练，期间中国海军以"辽宁"号航空母舰为主编组了大型远洋航空母舰战斗群，战斗群编列近20艘各类舰艇。

这是自冷战结束以来，除美国海军外西太平洋地区最大的单国海上兵力集结演练，也标志着"辽宁"号航空母舰开始具备海上编队战斗群能力。

拓 展 阅 读

2017年4月26日上午，中国第二艘航空母舰在中国船舶重工集团公司大连造船厂举行下水仪式。这艘航母属于中型滑跃起飞常规动力航母，型号为001A，是中国真正意义上的第一艘国产航空母舰。

美国企业级核动力航空母舰

　　企业级核动力航空母舰是美国的一种多用途超大型航空母舰。该级核动力航空母舰于1958年开始建造，1961年11月25日投入现役使用，是在福莱斯特级航母基础上发展和改进而成。它的设计思想对美国第二代核动力航空母舰尼米兹级有着重要的影响。

　　该级舰仅建此1艘，舷号CVN-65。这是世界上第一艘核动力航母。"企业"号是当时世界上排水量最大、舰体最长最

高、速度最快的航母。1964年，"企业"号核动力航母与"长滩"号、"班布里奇"号核动力巡洋舰在无补给条件下完成环球航行，轰动世界。

1979年至1982年，"企业"号进行现代化改装，改装后的"企业"号具备与尼米兹级基本相同的作战能力。

"企业"号航空母舰上共采用8座压水堆，每个推进主轴有2座反应堆提供动力，系统内4台52兆瓦的蒸汽轮机和32个热交换器，总功率达209兆瓦，使其能获得35节的航速。

由于采取核动力推进，使该舰续航力巨大，20节航速时，续航力40万海里，相当于绕地球13圈。迄今，企业号已更换3次燃料，累计航程超过100万海里。

第一次更换燃料是在服役3年后，此间该舰航行20万海里，并于1964年进行了总航程3万海里的无补给环球航行。

"企业"号上装有4部长90米的弹射器，斜角甲板后端设飞机着舰阻拦装置。

该舰的拦机装置由阻拦索和阻拦网两部分组成。阻拦索直径6.35厘米、高度50厘米、相互间隔约14米，并列布置4根，可以拉住重30吨、以140千米时速进场的飞机；阻拦网由尼龙带制成，平时堆放在斜角甲板端部左舷，当载机需要着舰时，架设到拦机网支柱上，架设时间约需2分钟。

舰上设有4部舷侧升降机，其中左舷1部，右舷3部，每部升降机长23.5米、宽16米、面积370平方米、提升力40.4吨，平均1分钟提升一架飞机。舰上机库为全封闭式，高7.26米，面积约20070平方米。该舰可携带8500吨航空燃油，可供航空联队使用12天。其反应堆可提供10万人的城市一年的电力。

"企业"号航空母舰长期配属美太平洋舰队，经常参加海上活动，但实战较少。1962年，参加封锁古巴任务，迫使苏联撤出部署在古巴的导弹。

1971年，进入孟加拉海，阻止原东巴基斯坦，即今孟加拉国脱离巴基斯坦。1986年，美利冲突期间，"企业"号由印度洋进入阿拉伯海，策应"美国"号和"珊瑚海"号。

1991年2月，"企业"号航母战斗群在对伊拉克实施的"沙漠风暴"行动中，起飞的F/A-18战斗机参加了第二波次空袭，攻击伊军地面目标。1999年3月，"企业"号航母战斗群率先进入亚德里亚海，以航载机攻击南斯拉夫境内目标，后被接替返回。

"企业"号航母舰长342.3米，宽40.5米，吃水11.9米；标准排水量75700吨，满载排水量93970吨；巡航最大速度35节；飞行甲板长331.6米，宽76.8米；动力装置8座A2W压水堆，4台汽轮机，209兆瓦；4台应急柴油发电机，8兆瓦；速度20节时续航力40万海里；自给力12天；人员编制3215名，航空兵2480名。

"企业"号航母配置直升机6架，固定翼飞机F—14雄猫20架、F/A—18大黄蜂20架、A—6E入侵者20架、10架S—3A/B海贼、5架EA—6B徘徊者、5架E—2C鹰眼。舰载武器配备8联装MK—29北约海麻雀导弹，6管20毫米密集阵武器系统火炮。

电子通信配备SQS—23主被动远程声呐，URN—25塔康导航、SPS—48C三坐标雷达，对空、对海、火控、目标指示导航、飞机进场控制系统，以及箔条或红外诱饵发射器、水声干扰装置、舰载电子战系统等电子战武器。

指挥控制，配置NTKS海军战术数据库系统，ACDS作战指挥系统，MK—91导弹火控系统及4A、11、14号数据链。

拓展阅读

企业级航空母舰舰名源自美国独立战争期间俘获并更名的一艘英国单桅纵帆船，是美军第八艘以"企业"为名的军舰，同时也是美国的一种多用途超大型航空母舰，是美国海军唯一一艘具有8座核反应堆的军舰。

美国尼米兹级航空母舰

    尼米兹级航空母舰是当今世界海军威力最大的海上巨无霸，是美国海军独家拥有的大型核动力航空母舰。它是当代航空母舰家族中最具代表性的一员，是世界上排水量最大、载机最多、现代化程度最高的一级航空母舰，是继"企业"号核航母之后，美国第二代核动力航空母舰。

    本级航空母舰共10艘，均由位于弗吉尼亚州纽波特的纽波特纽斯造船及船坞公司建造。它们分别是"尼米兹"号、"艾

森豪威尔"号、"卡尔文森"号、"西奥多·罗斯福"号、"亚伯拉罕·林肯"号、"乔治·华盛顿"号、"斯坦尼斯"号、"杜鲁门"号、"里根"号和"布什"号。

该级舰舰长332.8米，宽40.8米，满载排水量91500吨，航速33节，续航力80~100万海里，核燃料加注一次可工作13~15年。编制人员6300名。飞行甲板宽76.8米，可装载飞机90余架，最多可载120架。

尼米兹级舰同以前的航母一样，由其自身发展的要求，选择了不利于减阻的肥大船型。重量分配是航母设计师颇费心思

的问题。从"福莱斯特"号以后的超级航母虽然排水量不断增大，但吃水变化很小，原因是在长度和宽度上增加。这种变化一是受港口和船坞水深条件的限制，二是有利飞行作业，因为其扩大了飞行甲板的面积。

在船体构造上该舰的机库甲板以下为水密结构，共分8层甲板。其型深为19.51米。两舷侧由底至机库甲板都采用古老的防雷隔舱结构，在内外两舰体之间有4道纵向隔壁。

这种防护型在二战中被证明是行之有效的，只不过现在更加先进了，将其延伸至水线以上，使机库两侧也形成双层防御结构。沿舰长每隔12~13米便设一道水密横隔壁，共23道，并设有10道防火隔壁。从而形成了2000多个水密隔舱，就是这2000多个水密隔舱保证了该舰的不沉性。在这些舱中采用空、实相间的措施，增强了舰的抗损能力。二战时，这些舱中是装淡水和舰用燃油。

现今，由于JP-5的性质较温和，是一种相对安全的燃料，所以在核动力航母的翼舱中也设有航空燃料舱，从而大大提高了航空燃油的装载量。两侧多层设置空、实相间隔舱和X形吸能支撑结构，以及采用HY-80以上的高强度结构钢，形成了航空母舰的坚固的被动防御体系。

尼米兹级舰飞行甲板距水面高为19.11米，距基线高为30.63米。由基线至桅顶高为74.37米。共有舱室3360间。从福莱斯特级以后的航母均采用闭式机库，飞行甲板为强力甲板，参与全舰的总纵强度。为此，既保证了高性能飞机着舰的要求，也解决了舰体加长后出现的舰体梁的纵向强度问题。

在舰体内，动力装置、弹药库等重要舱室布置在一个装甲箱体内，以防受损危及航母的安全。机库甲板至飞行甲板占4个甲板层高，为11.13米。机库占3个甲板层高，长度占水线长的66%。机库的周围布置航空车间。机库顶部为吊舱甲板，日本人称高射炮甲板。

飞行甲板至吊舱甲板之间的广阔空间为航空联队的办公区。集中在飞行甲板舯部右舷侧的上层建筑被称为"舰岛"。在这里布置有司令舰桥、航海舰桥和飞行舰桥，实施对全舰飞行作业和舰队的指挥。此外，许多雷达等电子天线设置在其上，是全舰重要的中枢区。

马岛海战对美航空母舰的发展影响很大。由于防御的加强，故排水量一增再增，现已突破10万吨大关。飞行甲板进一步强化，增设了消防装置和呼吸装置。"林肯"号和"华盛顿"号在增加飞行甲板装甲的同时，在舰桥等处增设了防御装甲。

"罗斯福"号以后的航母，还在弹药库的舷侧增加了63.5毫米厚的凯芙拉装甲板，在弹药库和机舱顶部同样也增设了该型装甲板，形成箱形防御结构。在"华盛顿"号以后的航母舰桥上增设了这种弹片防御装甲。CVN74号舰以后，采用高强度低合金钢HSLA-100建造。这种钢能使结构变轻，有利于防御弹片。

该级舰的航空设备设置C13-1型蒸汽弹射器，在首部弹射区安置2部，在舯部斜角甲板的前端安置2部。在"林肯"号以后改为C-13-2型蒸汽弹射器。C-13-1型弹射器动力冲程为

94.49米，往复车行程为95.97米，轨道长度为99.01米，末速度185千米。

在弹射器的后部，1、2、3号弹射器配有MK7Mod0型喷气偏流板，在3号弹射器后部配有MK6-2型喷气偏流板。在斜角甲板后部设有4道阻拦索和1道应急拦机网。4台索连机和1台网连机均为MK7Mod3型。

一架进场速度为150节，下滑角为3度的飞机在飞过舰尾时必须要有3米以上的安全高度，一般着舰甲板的进场长度v为70.10米，4根阻拦索布设跨度约为18.29米，飞机滑跑距离为106.68米，停止后的飞机调度离开着舰区的回转距离约为

30.48米。着舰甲板共长225.55米。为了保证最大45.36吨重的飞机能以150节的末速射出，弹射区长至少要107米长。加在一起，就是飞机起降作业需要的飞行甲板长332米。

机库和飞行甲板之间有4部舷侧飞机升降机相联接。每部升降机平台长25.9米、宽15.9米，面积约372平方米。平台自重105吨，能提升47.6吨的飞机。飞机升降机升降一轮所需时间为60秒。

　　在着舰甲板的左舷侧设有MK6-2型菲涅尔光学助降系统。在岛上装有飞机管制、引导和精确制导雷达。此外舰上还装有助降电视。在着舰区尾部左舷侧设有着舰信号官平台。

　　尼米兹级航空母舰有强大的防卫体系，包括导弹、火炮、电子对抗系统、"海麻雀"导弹发射装置。由雷达导航的"海麻雀"导弹属短-中程导弹，可攻击飞机和截击敌方的巡航导弹。它的近程火炮系统有自动搜索和瞄准雷达，20毫米近程火

炮系统每分钟能发射3000发以上炮弹，能有效地防御敌方飞机和导弹的近程攻击。

两台核反应堆为航空母舰提供几乎是无限期的30节以上的续航能力。8台8000千瓦汽轮发电机提供的电力可供10万人口的城市使用。4台海水淡化装置为尼米兹级航空母舰每天提供182万升淡水。一般情况下，舰上备有供其人员消耗90天的食品和生活必需品。

尼米兹级航空母舰的武器装备有4座飞机弹射器，4座"海麻雀"导弹发射架，3~4座"密集阵"20毫米近程火炮武器系统，SPS-48E三维对空搜索雷达，二维对空搜索雷达，3座Mk-91火力控制系统，以及雷达电子对抗和火力控制系统、雷达电子监视系统等。

拓展阅读

尼米兹级航空母舰得名于第二次世界大战时期的太平洋舰队司令切斯特·威廉·尼米兹。该级舰的主要使命是进行远洋作战，夺取并保持制空权和制海权，封锁海区，保卫海上交通线，支援登陆等

美国小鹰级航空母舰

　　小鹰级航空母舰是美国海军隶下的一型常规动力航空母舰，是美国最后一级常规动力航空母舰，也是世界上最大的一级常规动力航母。小鹰级航空母舰的主要任务是用舰载机对水面、空中和陆上目标进行攻击作战。

　　在20世纪50年代，美国建造的福莱斯特级航空母舰被称为"超级航空母舰"，但在服役过程中仍发现了一些不足，于是在1956年建造第5艘时，美国海军对其进行了大幅度改进并连

续建造了3艘，称之为小鹰级。这3艘航母的具体情况是：

第一艘"小鹰"号，1956年12月27日开工，1960年5月21日下水，1961年4月9日服役；第二艘"星座"号，1957年9月14日开工，1960年10月8日下水，1961年10月27日服役；第三艘"美国"号，1961年1月9日开工，1964年2月1日下水，1965年1月23日服役；目前均已退役。

小鹰级航空母舰全长323.6米，宽39.6米，吃水11.4米，标准排水量61174吨，满载排水量分别为81780吨、82583吨、83573吨，舰上载航空燃油5882吨。主机为西屋公司的4台蒸汽锅炉，总功率280000马力，最大航速30节，续航力为12000海里/20节。

其飞行甲板长318.8米，宽76.8米，从底层到舰桥大约有18层楼高。飞行甲板以下分为10层，1—4层为燃料舱、淡水舱、弹药舱和轮机舱；5、6层为水兵住舱、食品库、餐厅和行政办公室；7、8层为舰载机维修间、维修人员和雷达员的住舱；9、10层为机库、战斗值班室和飞行员餐厅。

甲板以上的岛式上层建筑分为8层，自下向上依次为：消防、医务、导弹人员住舱；工具、通信及电气材料库；军官室；舰长及司令部人员、新闻人员工作室和休息室等。

小鹰级航母在直角和斜角甲板上各有两部蒸汽弹射器，在斜角甲板上有4道拦阻索和1道拦阻网；左舷1部升降机，右舷3部升降机。

舰上共分为10个作战部门，即作战、航空、航海、武器、

轮机、医务、牙医、供应、安全和飞机维修，每个部门又下设若干个分队，全舰编制5480人，其中舰员2930人，空勤2480人，航母战斗群司令部人员70人。现在其舰载机联队为"标准型"配置。

小鹰级的防空武器为3座八联装"海麻雀"防空导弹发射装置和3座"密集阵"近防系统。对空雷达为SPS-49（V）和SPS-48C/E（三坐标），对海雷达为SPS-10F，导航雷达为LN-66和SPS-64（V），火控为6部MK-95。电子对抗为4座MK-36干扰箔条发射器和1部SLQ—36拖曳式鱼雷诱饵。

需要说明的是，美国海军的最后一艘常规动力航空母舰是"肯尼迪"号，它是小鹰级的第四艘，但由于变化稍大一些，所以国外也将其单列为一级，变为肯尼迪级，其实它与小鹰级是相差无几的。

拓 展 阅 读

2009年5月12日，在服役48年之后，美国海军"小鹰"号航母在位于布里莫顿军港的普吉特·桑德海军船厂正式退役封存，除了是服役最久的同级舰之外，"小鹰"号还是美国最后一艘退役的传统动力航空母舰，自此美国海军航空母舰全部核动力化。

美国埃塞克斯级航空母舰

　　埃塞克斯级航空母舰是美国海军有史以来所建数量最多的一级航空母舰。美国的战史学家大都同意这样一种观点：在太平洋战争中海军航空兵扮演了重要角色，而其中埃塞克斯级航空母舰则起了显著作用。它给美国海军航空兵注入了机动性、持久力和攻击力，使盟国海军从日本海军手中夺取了太平洋制海权，确保了盟军部队直逼日本本土，最终击败日本。

　　第二次世界大战爆发前，美国已有5艘航空母舰，但当时

战列舰仍被视为海上力量的中坚，航空母舰只是一种海上浮动机场，从上面起降侦察机和尚未证明其威力的攻击机。舰载航空兵的战略、战术以及它的作用还依然处于理论性争论之中。

随着欧洲战事的爆发和日本扩张与美国的矛盾日益激化，美国深感有必要加强航空母舰的建造，在罗斯福总统的大力支持下，美国国会1940年6月通过"舰队扩大法案"和"两洋海军法案"，计划于1940财年建造11艘、1941财年建造2艘埃塞克斯级航空母舰。

但到日本人偷袭珍珠港，太平洋战争爆发时，却只有5艘开工。珍珠港事件导致了美国海军战略思想的彻底变化。残留在太平洋上的美国海军力量以航空母舰为核心组成了抗击兵力。

这时，美国人才感到航空母舰数量的不足。航空母舰"列

克星敦"号、"约克城"号、"黄蜂"号和"大黄蜂"号在1942年相继战沉，在一段时间内，美军在太平洋战区曾经只剩下了"企业"号一艘可以作战的航空母舰。

在此情况下，美国国会和政府作出了加速建造航母的决定：优先建造埃塞克斯级航空母舰，1942年财年再提供10艘、1943年财年提供3艘、1944年提供6艘埃塞克斯级航空母舰。

早在1930年代末，在设计埃塞克斯级航空母舰时其标准排水量被确定为2万吨。然而，美国海军对该级舰提出了一系列要求，其中最主要的包括：

一是有较大的飞行甲板，以便额外搭载一个舰载机中队；二是储备更多的航空汽油；三是增加装甲厚度：沿吃水线处增至101.6毫米，主要舱壁增至76.2毫米；四是推进系统的功率增至15万轴马力，以达到30节航速的设计要求；五是增加机库甲板面积，以便储备更多的飞机部件和引擎等；六是增加舰上的防御武器。显然，这些要求是无法在一艘标准排水量仅为20000吨的舰体内实现的。

"埃塞克斯"号的设计方案以约克城级航空母舰为蓝本，至1940年已经历了6次改进。埃塞克斯级航空母舰的标准排水量为27500吨，埃塞克斯级航空母舰吸取了先前各级航母的优点，舰型为约克城级的扩大改进型。

舰体长宽比为8：1。在飞行甲板前部和中后部设有升降机，另在甲板左侧舷有一部可垂直折叠的升降机，使其可以通过巴拿马运河。拦阻系统在舰尾与舰首各设有一组拦阻索，能阻拦降落重量达5.4吨的舰载机。

　　埃塞克斯级航空母舰的防护较约克城级有了改进。水下、水平防护和对空火力都有所加强。主要包括：舰体分隔更多的水密舱室，这种结构使该级舰中的某些舰只在战争中虽屡遭重创，但没有一艘被击沉。

　　舰上有127毫米高炮12门，但只有2部MK37型指挥仪，这表明仅有部分武器可用雷达控制；此外还装有大量40毫米和20毫米高炮，其数量则因舰而异。考虑军舰要在太平洋水域活动，

提高了续航力。

太平洋战争爆发后订购的埃塞克斯级航空母舰，设计上稍有改进，改进舰首形状，比原埃塞克斯级长3.63米，通常称"长体"埃塞克斯级。

埃塞克斯级航空母舰批准建造的总数为32艘，但实际建成24艘。原先拟于1944财年提供的6艘批准后又被取消，因而从未开工建造；另有2艘虽已开工建造，但未建成。

太平洋战争期间共有17艘埃塞克斯级航空母舰建成服役，分别是：首制舰"埃塞克斯"号、"约克城"号、"勇猛"号、"大黄蜂"号、"富兰克林"号、"提康德罗加"号、"伦道夫"号、"列克星敦"号、"邦克山"号、"黄蜂"号、"汉科克"号、"本宁顿"号、"拳师"号、"好人理查德"号、"安提但"号、"香格里拉"号和"张伯伦湖"号。

二战结束后建成7艘，分别为："普林斯顿"号、"塔拉瓦"号、"奇沙冶"号、"莱特"号、"菲律宾海"号、"福吉谷"号和"奥里斯坎尼"号。

埃塞克斯级航空母舰的建造规模充分反映了美国巨大的工业潜力。太平洋战争之初，美国就决定集中力量按照埃塞克斯级航空母舰的标准设计方案进行批量生产，从而使造船厂能够采用流水线作业。

此外，在诸如钢型和钢板、舰上设备、机械以及武器等各方面也都实行了高度标准化。高射武器的生产几乎全部集中在制造127毫米炮、"博福斯"40毫米炮和"厄利孔"20毫米炮。由此，该级航母的建造周期极大地缩短了，有几艘只用了14~16个月便建成服役。

埃塞克斯级航空母舰的标准排水量27200吨，满载排水量34880吨。舰长265.79米，飞行甲板长262.13米；舰宽28.35米，飞行甲板宽29.26米；平均吃水7米。机库长174米、宽21米、高5.4米。

该航母的推进装置为8台锅炉，4部齿轮传动式蒸汽轮机，主机输出功率15万轴马力，4轴，航速32.7节。燃料载量6300

吨，续航力15000海里/15节。

水线装甲带厚63~101毫米，炮塔装甲厚127毫米，炮塔底座装甲厚28毫米，飞行甲板装甲38毫米，机库甲板装甲厚76毫米，主甲板装甲厚为38毫米。

埃塞克斯级航空母舰的武器装备有12门双联装127毫米口径高平两用炮，用以对付远距离目标。高射炮数量，在整个战争期间变动较大，各舰不一。

第一批埃塞克斯级航母建成时，每舰装有8座四联装40毫米"博福斯"炮，共32门；并装有46门单管20毫米"厄利孔"高炮。到战争后期，埃塞克斯级上的40毫米"博福斯"高炮增至68门，20毫米"厄利孔"高炮增至55门。

埃塞克斯级航空母舰的舰载机，最初时由以下中队组成：

两个战斗机中队，计36架飞机、一个侦察轰炸机中队，计18架飞机；一个俯冲轰炸机中队，计18架飞机、一个鱼雷轰炸机中队，计18架飞机、一架担任联络任务的俯冲轰炸机，共计91架飞机；另有9架备用，其中战斗机、俯冲轰炸机和鱼雷机各3架。

随着雷达的发展和广泛应用，对侦察机的需要日益减少，于是到1944年侦察轰炸机中队和俯冲轰炸机中队合并，共计24架俯冲轰炸机，原先12架侦察轰炸机的空额则由战斗机替补，总数仍为91架。

至1945年夏，典型的埃塞克斯级航母的航空大队包括：一个战斗机中队，飞机36~37架、一个战斗轰炸机中队，飞机36~37架、一个俯冲轰炸机中队，飞机15架和1个鱼雷机中

队，飞机15架，总计103架飞机。

战争初期，每艘埃塞克斯级航空母舰上的弹药载量为：平均每门40毫米炮备弹800发，每门20毫米炮备弹为4076发，弹药总重47吨，为定编舰载机重的50%。

后来，为了增加航母的干舷高和稳性，美国舰船局严格规定了每艘埃塞克斯级航空母舰的弹药载量：每门40毫米炮为500发，每门20毫米炮为1420发。

战争期间，随着飞行员、地勤人员和炮手数量的不断增加，使埃塞克斯级航空母舰上的住舱十分拥挤。到1945年，其标准编制员额比设计预定的人数多50%，总计3442人，其中军官382人，士兵3060人。

埃塞克斯级航空母舰建成后相继投入了太平洋战争,从1942年12月到1944年1月间8艘新的埃塞克斯级航空母舰编入美国太平洋舰队。它们组成快速航空母舰特混编队,与"企业"号、"萨拉托加"号及独立级航空母舰一道,向日本舰队发起了攻势。

在1944年6月的马里亚纳海战和同年10月的莱特湾海战中,埃塞克斯级航空母舰搭载的舰载机先后击沉了日本"飞鹰"号、"千代田"号、"千岁"号、"瑞凤"号、"瑞鹤"号航空母舰和"武藏"号战列舰。

1945年,埃塞克斯级航空母舰的舰载机击沉了"海鹰"号航母和"榛名"号、"伊势"号、"日向"号、"大和"号战列舰。同时,还击沉了若干其他舰只。

　　该级参战的大部分舰只遭到了不同程度的损伤，有的伤势十分严重，共有14艘遭受日本的鱼雷、炸弹和神风自杀飞机的攻击，但它们没有一艘因伤沉没。

　　"富兰克林"号是其中当中损伤最为严重的一艘舰只，但由于损管措施得力，依靠自身的动力驶回了珍珠港。战争结束时，埃塞克斯级航母曾多次荣获"总统单位嘉奖"和战役铜星纪念章。

　　第二次世界大战后，新一代舰载喷气式飞机诞生。航空母舰要搭载喷气机就需要一整套新的操机系统和方法，特别是飞机弹射器。这就从客观上导致了埃塞克斯级航母必须进行广泛的现代化改装。美国海军对除战争期间受损严重的"富兰克林"号和"邦克山"号外的22艘埃塞克斯级航空母舰进行了分批现代化改装。

　　1947年6月4日，美国海军作战部长批准了代号为SCB-27A的方案。第一艘进行此项改装的航母为"奥里斯坎尼"号，随后又有"埃塞克斯"号、"黄蜂"号、"奇沙治"号、"张伯伦湖"号、"本宁顿"号、"约克城"号、"伦道夫"号和"大黄蜂"号。

　　SCB-27A方案改装的主要内容是提高航母的操机能力，即具有操作总重量为1.8吨的舰载机。为此，将原先的H4-1式弹射器拆除，代之以H-8式；加固飞行甲板，拆除一些127毫米炮，以减少舰上部重量、增大甲板空间和飞机着舰区的安全度；增大升降机的尺寸和载机能力，安装供喷气式飞机使用的特种设备，如喷焰偏转器、喷气燃油混合器等。

　　由于蒸汽弹射器的问世和将来可能采用更先进的飞机，在SCB-27A方案的基础上，美国海军又制订出SCB-27C方案。该

方案的主要内容是采用英国研制的蒸汽弹射器。

接此方案进行改装的航母有"汉科克"号、"勇猛"号和"提康德罗加"号。"汉科克"号是美国海军中第一艘安装新式蒸汽弹射器的航母。1954年6月1日,杰克逊海军中校驾驶一架S2F-1飞机从"汉科克"号上起飞。

1952年6月,美国航空局建议在"安提坦"号上安装英国研制的斜角飞行甲板,并于同年12月中旬在纽约海军船厂完成了这一改装,这一新方案称为改进的SCD-27C"斜角飞行甲板"方案,又称SCB-125方案。

该方案的主要内容是:加装斜角飞行甲板和采用封闭式舰首;改进MK-7拦阻装置,加大舰首中线的升降机,增设空调和隔音装置以及改进甲板上的照明设备等。首先进行改装的是"列克星敦"号、"香格里拉"号和"好人理查德"号。

由于这种改装十分成功,已进行过SCB-27C和SCB-27A改装的该级航母均按照SCB-125方案进行了现代化改装。

在原先进行SCB-27A方案改装,后又进行SCB-125方案改装的9艘该级舰中,除"奥里斯坎尼"号安装了蒸汽弹射器外,其余8艘仍然保留了液压弹射器。

因此,这8艘不宜担任攻击航空母舰,于1960年代初经再次改装,改为反潜航空母舰:战后未曾进行过任何改装的"拳师"号、"普林斯顿"号和"福吉谷"号航母,则作为两栖攻击舰重新服役。

埃塞克斯级现代化改装后的排水量和尺度增加了许多。以1962年"香格里拉"号为例,标准排水量增至33100吨,满载排水量增至43000吨，舰长增到272.6米，最大舰宽58米，满载吃水增至9.44米。为了减少重量，舰上的火炮逐步减少，到服役末期大部分仅装有4门单管120毫米炮，在1950年代中期，该级舰中还有不少舰只装备"天狮星"I型导弹。

美国海军在战后大幅度缩编，大部分埃塞克斯级曾暂时退出现役。后来因局部战争的需要，它们又先后重新服役。在朝鲜战争中，计有10艘该级舰参战；在越南战争期间，有9艘该级舰参战。

20世纪70年代，埃塞克斯级航空母舰陆续退出了现役。到1976年10月，只有作为训练舰的"列克星敦"号在现役。1991年11月8日，"列克星敦"号退出了现役。

拓展阅读

在24艘埃塞克斯级航空母舰中，除"约克城"号、"勇猛"号已作为博物馆舰长久保留外，其余舰只已经从美国海军的舰船名册中消失。另外，还有"列克星敦"号、"大黄蜂"号也被保存做博物馆游览观光用。

美国福莱斯特级航空母舰

　　福莱斯特级航空母舰是美国第二次世界大战后建造的首级航空母舰，主要为装备新式的喷气式飞机而设计。该级舰第一次采用蒸汽弹射器，飞行甲板吸取英国航空母舰的设计经验，将传统的直通式改变为斜角式、直通混合布置的飞行甲板，使整个飞行甲板形成起飞、待机和降落三个区，可同时进行起飞

和着舰作业，从而形成了现代航空母舰的基本模式。

1952年7月，首批两艘6万级航空母舰"福莱斯特"号和"萨拉托加"号动工建造。从这一年起，CVA这三个字母用来表示攻击航空母舰，所有经过现代化改装的埃塞克斯级和中途岛级航空母舰也使用CVA这个代号。

福莱斯特级航空母舰也是多用途航空母舰。第二次世界大战后原定为大型航空母舰，1952年改为攻击型航空母舰。该级舰共有4艘。

首制舰"福莱斯特"号于1952年建造，1954年12月下水，

1955年10月1日服役。

第二艘舰"萨拉托加"号于1952年12月动工建造，1955年10月下水，1956年4月14日服役，造价2.14亿美元。这两艘航空母舰都参加了海湾战争。

第三艘舰"突击者"号于1954年8月动工建造，1956年9月下水，1957年8月10日服役，造价1.73亿美元。

第四艘舰"独立"号于1955年7月动工建造，1958年6月下水，1959年1月10日服役，造价2.25亿美元。

福莱斯特级航空母舰的燃油贮量比埃塞克斯级多70%，航

空汽油贮量是埃塞克斯级的3倍，载弹量比埃塞克斯级多一倍半。这是美国为搭载喷气机而设计的第一批航空母舰，能搭载最新式的海军飞机。

在洲际弹道导弹出现之后，海上核威慑力量显得尤为重要。攻击航空母舰在海上的位置不是固定不变的，但陆上洲际弹道导弹却会成为攻击航空母舰准确打击的目标。

1956年和1957年，福莱斯特级的改型小鹰级攻击航空母舰"小鹰"号和"星座"号动工建造。1961年和1964年，又订购了两艘小鹰级攻击航空母舰"美国"号和"肯尼迪"号。这两级攻击航空母舰总共建造了8艘。

"福莱斯特"号、"萨拉托加"号、"突击者"号和"独立"号是美国海军二战后建造的第一批大型舰只。各舰之间大

同小异：

首舰"福莱斯特"号尺寸和动力装置功率较小，8台锅炉为"巴布科克"型，蒸汽压力为41.7千克／平方厘米；后2舰锅炉为"威斯汀豪斯"型，过热蒸汽压力为84千克／平方厘米，温度为520℃。

各舰安装的4套减速齿轮箱均为"威斯汀豪斯"型，即3舵、4轴、4桨，外面的2桨为5叶，里边的2桨为4叶。当时只装有"海麻雀"导弹系统；计划配备"近程武器系统"3管20毫米炮。飞行甲板斜角为8度，4部舷侧升降机尺寸为15.9×18.9米。飞机弹射器共4部，"突击者"号和"独立"号的飞机弹射器为75米，型号为C-7型。

"福莱斯特"号和"萨拉托加"号装有65米C-7型和C-11型弹射器各2部。机库高7.6米，长234~240米。飞行甲板装甲厚度为150毫米。全舰分为1200个水密舱。载有燃料12000吨。

该级舰的任务是攻击和反潜，携载约80架飞机。1980年该级舰按"服役期延长计划"改装，旨在延长服役期15年。改装需时28个月，时间安排如下："萨拉托加"号1981—1983年，"福莱斯特"号1983—1985年，"突击者"号1985—1987年，"独立"号1988—1989年。

改装项目为：拆除原飞机弹射器，改装90米C-13型弹射器；安装第三座"海麻雀"导弹系统和3座近程武器系统，采用更先进的雷达系统，海军战术数据系统NTDS，反潜识别分析中心ASCAC，改建所有舱室，用F／A-18"大黄蜂"取代"海盗"攻击机。

"福莱斯特"号航母原来设计的排水量是60000吨(标准)，但建造时尺度缩小了不少。虽然如此，但该航母能执行和其他级航母相同的任务。这是因为随着核武器和飞机的改进，核攻击飞机的尺寸已经减小。另外，它还兼有战术角色。

该舰的最初设计包括一个直通的飞行甲板，可折叠的烟囱和可伸缩的驾驶室。斜角甲板技术的到来导致该舰做了较大的改动：包括一个斜角甲板，一个大的右舷岛式上建，烟囱从岛式上建的中部穿过。

所有该级舰的四艘都有重炮火力，不过，服役后火炮数量很快减少，甚至在1977年拆除了所有的火炮。后来还改进了电子系统。

该级舰的3艘在20世纪80年代进行了延寿改装。该计划是将该舰的服役期从30年延长到40~50年。改装后的状态如下：

　　排水量接近81500吨（满载），最大尺度317×76×11.3米，装备2或3座8单元的北约"海麻雀"发射装置，3座"密集阵"火炮，80架飞机。

　　编制为5200~5450人，舰员2720~2754人，航空兵2035~2273人。该级舰长326~331米，宽39.5米，吃水11.3米，飞行甲板宽76.8米，标准排水量达到60000吨，满载排水量79450~81163吨。

　　该级舰的动力装置由4台蒸汽涡轮机和8座锅炉组成，主机为4台减速齿轮式涡轮机，由4轴推进，总输出功率为205800千瓦，航速34节。飞行设备有4台C-7/C-11蒸汽弹射器，4部载重能力为45吨的升降机，可搭载飞机70架。四部弹射器和四部

舷侧升降机能保障每分钟弹射起8架飞机，这对于喷气机进行战斗巡逻是至关重要的。

拓展阅读

"福莱斯特"号航母服役30多年，共执行过21次任务部署。1992年2月，该舰成为美国海军飞行员和后勤人员的训练航母。同年9月，它开进费城海军造船厂，进行原定为期14个月的合面检查和维修。1993年9月10日，"福莱斯特"号宣告退役。

美国"布什"号航空母舰

　　美国"布什"号航空母舰，又名"乔治·H.W.布什"号核动力航空母舰，舷号CVN-77，是尼米兹级航母的最后一艘舰，被人们称为梦中的"尼米兹"终结者。"布什"号航母是尼米兹级航母中造价最高，技术最先进的航母，也是世界上现役攻

击力最强的航空母舰。

　　该舰由弗吉尼亚州纽波特纽斯造船及船坞公司建造，于2001年1月26日签署订单，2002年12月9日正式授与"布什"号舰名，2003年9月6日开工建造，2006年10月9日下水舾装，2009年1月10日正式交付美国海军服役。

　　"布什"号航母全长332米，船体吃水线以上大约有20层楼高，能运载将近6000名水兵和海军陆战队员。最大航速30

节，满载排水量超过10万吨，最多可搭载百架战机，造价62亿美元。

该舰的外形突破了传统的航母形式，与同级的已造舰大不相同。新设计的岛形建筑外形尺寸较小，且外壁向内倾斜，飞行甲板根据实际情况也与以前有所不同。

航母研究人员经过对各型航母飞行甲板的长期比较，得知飞行甲板的布置与舰载机运作的效率关系密切。要使舰载机易

于着舰和安全着舰，降落甲板应与起飞甲板平行，或两者之夹角应尽量可能小。

因为航母在回收舰载机时，必须逆风航行。舰载机着舰时，由于降落甲板为飞行甲板上的斜向甲板，与航母的航向存在着角度，因此舰载机降落于甲板时会受到侧风的影响。而该角度越小，则所受侧风影响愈小，将能大幅降低舰载机着舰的难度，进而降低事故发生率。

为了使着舰甲板和起飞甲板平行，该舰舰艏右舷的一号升

降机取消，而将二号升降机加大，设置于创新的两个小型舰桥之间；舰艉右舷的三号升降机取消，改为设置于飞行甲板前段中轴、飞机弹射器的后方；舰艉左舷的四号升降机，改为设置于飞行甲板尾端中央。这样既可改善恶劣海况下的操作安全性，又可在靠泊码头时，提供装卸补给的宽阔通道，这些改进增强了运作效率，减少了航母的操作人员。

折流屏为飞机弹射器的必备附件，装置于弹射器的后方，系由背面布满循环冷却水管的耐高温、高强度的大型平面钢板构成。以前的折流屏具有复杂的管路和水泵系统，用以输送海水进行冷却和竖立、放平，不仅易于锈蚀、故障较多，而且其耐高温钢板也不能久耐1260摄氏度的飞机燃气喷流，因此需要大量维修和换件作业的装备。

新的折流屏用重返地球的宇宙飞船的材料太空瓦制成，质轻且散热迅速，能久耐1316摄氏度的喷流，不仅省了复杂的管路与水泵系统，而且维修简易。

为了减少航母上的操作人员，"布什"号航母尽可能采用自动化的操作器材和装备。以在飞行甲板上将炸弹挂载于舰载机为例，以前需要9名操作人员共同作业；该航母采用"仿人动作科技"原理的液压起重装备，能像操作人员的手一样自行将弹药挂装于飞机上，只要一名操作员就可轻易地胜任以前需要9人完成的工作。

"布什"号航母甲板上还安装了开启升降机与燃油供应装置"核心站"的小型甲板结构，以便简化舰载机的装弹和加油程序。在舰务作业方面，例如动力系统操作，防火与灾害管制、膳食供应等，该舰也实现了自动化，使航母甲板上与甲板下减少了很多操作人员。

"布什"号航母另一个显著的变化就是强化了信息作战的能力。美国海军根据新的作战任务，借助商业上计算机网络的成功经验提出了一种新的作战指导思想，即网络中心战。

网络中心战就是利用计算机网络对部队实施统一的作战指挥。其核心就是利用网络将地理上分散的各部队、各种武器联系起来，实现信息共享，实时掌握战场动态，缩短决策时间，

减少决策失误，以便对敌人实施快速、精确、连续的打击。

其特点就是在各部队之间、各作战平台之间高速度、大容量、远距离的实时进行数据交换。该舰装备了全新的指挥、通讯、计算机和控制系统（C4I），并以光纤缆线联结全舰16个"通讯结点"，构成一个系统与系统、装备与装备间大容量、高速度的通讯网路。

这个网路经过整合能将音频的资讯与视频的图像，以及各种侦察器材获得的数据资讯，在各个作战平台之间瞬间传递和

展现。而此系统所需的硬件与软件，都采用现成商用产品，以便能随着信息工业的硬件与软件快速发展而易于更新，及时提升航母的信息战能力。

为提高航母自身获取信息的能力，该舰还改进了现有的E—2C预警机系统。新的预警机系统安装了协同作战处理器和数据分配系统，以及重量轻、功耗小的相控阵通信天线等先进装备，强化了信息获取和信息传递的能力。

作为一个功能强大的信息指挥中心，"布什"号航母将以往各个分散的作战平台整合成一个分布式的探测和攻击系统，不但使航母作战群能够攻击自海岸至内陆数千千米纵深的目标，而且还能为内陆纵深的地面部队提供空中保护，显著地提高舰队的作战效能。

　　为了大幅降低新航母的雷达截面，"布什"号航母将原来尼米兹级航母高约30米的传统舰桥，改为两个矮小的新型舰桥：一个设置于飞行甲板右舷的前段，负责与航母航行相关的作业；另一个设置于飞行甲板右舷的后段，负责舰载机起飞、着舰的相关操作。

　　舰岛的外形由四边形改为多边形，并大量使用复合材料，以降低航母的雷达信号特征。舰桥顶部众多的各型雷达与通信天线，也由主动式相控阵多功能天线取代，全部实现内置化，安装于舰桥的平板内壁。

这两项改进，将使该航母的雷达载面大幅减少，从而使它具有准隐身性。

"布什"号航母装有比以往航母上更加先进的雷达和导航仪器，而且都突出了隐身性。航母隐形的主要方法除了改变航母上层结构，取消传统突出的桅杆、旋转雷达天线、烟囱和各种通信天线外，还采用与舰桥融为一体的封闭式桅杆和传感器，并将导弹、舰炮等各种武器放置在舱面以下。

另外，还在舰岛突出部位敷设雷达吸波涂料，降低红外辐射、消除舰体磁场和电子设备的电磁辐射等，这些新技术和新材料的使用，使这艘航母具有明显的隐身效果。

拓 展 阅 读

乔治·赫伯特·沃克·布什是美国第四十一任总统，同时也是第二次世界大战时美国海军的鱼雷轰炸机飞行员。他是全世界第一位曾真正在航空母舰上服役过的航母命名提名人，也是少数被提名时本人健在于世上的美国人之一。

英国伊丽莎白女王级航空母舰

伊丽莎白女王级航空母舰是英国皇家海军建造的新型航空母舰，是一型采用传统动力，短距滑跃起飞并垂直降落型的多用途航空母舰。该级舰共建造两艘：一号舰"伊丽莎白女王"号2009年7月7日开工，2014年7月4日下水，2017年12月7日服役；二号舰"威尔士亲王"号于2011年5月开工，2017年12月

21日下水，服役时间未定。

伊丽莎白女王级航空母舰舰长280米，舰宽73米；吃水线宽39米，吃水深度11米；飞行甲板长280米，约16000平方米；机库面积约4200平方米，设有20个飞机修护区，两部舷侧升降机；排水量为65000吨；舰员编制包括航空人员1600人。动力系统配置IFEP综合电力推进系统，推进总功率108兆瓦以上；航速25~27节，续航力10000海里/18节。

在伊丽莎白女王级航母上，英国人使用了前后两个舰岛的独特外观。双舰岛将分担岛式上层建筑的功能，靠近舰艏的前部舰岛主要安装有航海、导航、远程探测和警戒、编队通信设

备，最醒目的是S1850M远程雷达，将担负航行驾驶等指挥控制任务。

后部舰岛上主要安装有航空指挥、舰机通信、电子对抗等设备，最明显的是997型中程雷达和可倾斜放倒的主桅杆，主要担负舰载机飞行控制和航空管制任务。每座舰岛内部都设有武器升降机，舰岛和右舷边之间有一过道，可以转运武器弹药，互不干涉影响。

"伊丽莎白女王"号航母的双舰岛设计可以让燃气轮机的布置更加合理，由于航母配置了2台燃气轮机，每台燃气轮机都需要有较大体积的进排气管道。设置2个舰岛，每个舰岛下面可以布置1台燃气轮机，对应的管道可以分别布置在各自对应的舰岛内部，占用的飞行甲板下面的空间也较少。

另外，双舰岛可以减小岛式上层建筑的体积和占用飞行甲板的面积，燃气轮机的进气和排气系统相对比较复杂，如果缺少优化设计，像无敌级航空母舰那样，有2座异常高大的烟囱，就会导致航母上层建筑体型庞大，飞行甲板也非常狭窄。

制造商泰雷兹集团认为，这种设计形式所占航母甲板的面积是最小的，而且风洞试验结果表明，这种配置方式也减少了对后部飞行甲板的气流影响。

从另一个角度来说，航母舰岛上需要配置多种雷达、通信系统及电子战系统天线，这些如果都安装在一个面积不大的舰岛顶部，会存在电磁兼容问题，双舰岛则会避免出现这种问题，不至于让多种电子设备相互干扰。

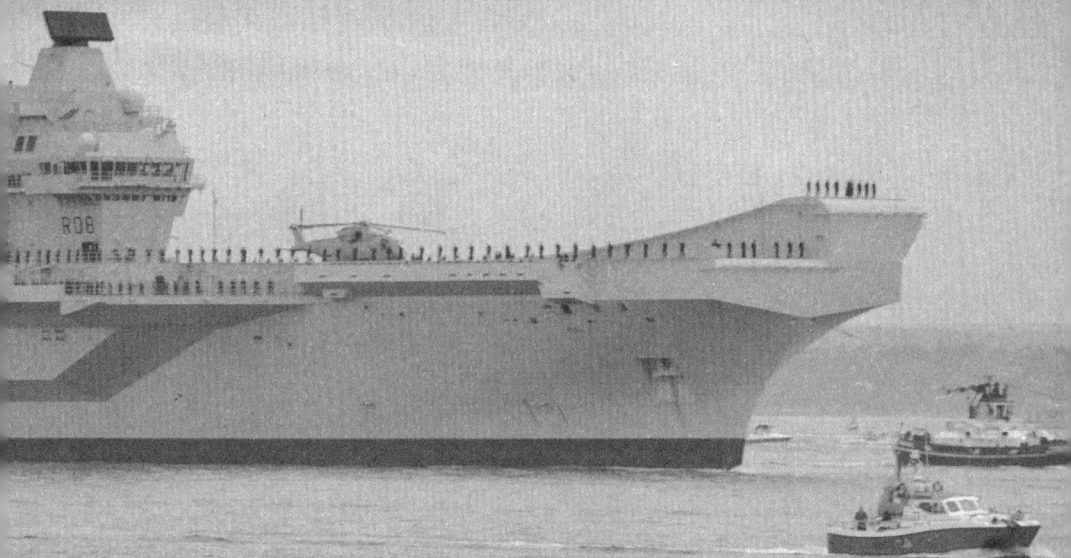

这种设计还可以有效降低单一舰岛受创后导致航母丧失全部作战能力的风险。此外，英国在设计双舰岛时还考虑了降低雷达信号特征的隐身性能要求，其外观总的来说是下面水平截面小，上面截面大，明显呈现出倾斜度，舰岛上半截还部分呈现出金字塔状。这有利于进一步降低飞行甲板的占用面积，并让后舰岛内排出的烟气向舰体外侧涌出。

伊丽莎白女王级的飞行甲板总面积约16000平方米，涂有防滑抗热涂层，舰首设有一个仰角为12度的滑跃甲板，起飞区长约162米，宽18米，跑道末端设有一个导流板，防止飞机起飞时，伤及甲板工作人员。

整个飞行甲板规划有6个直升机起降点，如果将整个飞行甲板的260米纵深都作为起飞助跑距离，则能让固定翼飞机在满载情况下起飞。滑跃甲板为英国航空母舰一贯的设计，只占据飞行甲板前端的一半，另一半用于停放飞机。

作为英国第二代滑跃起飞、垂直降落型航母的伊丽莎白女王级，沿袭了许多无敌级航空母舰的设计理念，再加上使用美国制造的具有极佳短距起飞能力的F-35B战斗机，使该级航母的起降效率和作战能力十分突出。

伊丽莎白女王级从底舱至上层建筑共划分为14层甲板，其中主舰体内有9层，自艏向艉由18道水密隔舱分割成19个水密舱段。舰体中上部靠上位置是下甲板机库，长约163米，宽约26米，层高约7.1米，面积约4200平方米，设有20个飞机修护区，能容纳24架F-35B和10架EH-101"灰背隼"直升机，或者26架海鹞系列战斗机，或是45架"海王"等级的中型直升机。

为了提高舰载机的出动架次率，伊丽莎白女王级的甲板作业将采用"一站式补给、武器装填"概念，在甲板上设置几个类似汽车维修的"地沟"，飞机可以在一处同时完成燃料补给、挂载弹药等作业，这样有利于节省甲板空间和作业时间。伊丽莎白女王级被要求能在15分钟内让24架航空器起飞，24分钟内回收24架航空器。

伊丽莎白女王级动力系统首次在大型航母上使用了燃气轮机，并成为世界上第一艘采用IFEP综合电力推进系统的航母，

虽然与传统的蒸汽轮机、机械传动相比，这种先进动力系统在功率方面还有差距，但在系统占舰内体积比例、动力系统重量、动力分配灵活性等方面有很大优势。

伊丽莎白女王级主机采用了两台罗尔斯·罗伊斯生产的单机功率36兆瓦的MT30燃气轮机，舰体上两个轮机舱分开布置，每个舰岛下设置一个，相距较远，这样可缩短烟道，而且有利于提高航母的生存能力。

伊丽莎白女王级的巡航动力来源是瓦锡兰公司生产的两台单机功率11兆瓦的16V38B柴油机组，发电机组也是瓦锡兰公司生产的两台单机功率9兆瓦的12V38B柴油发电机组。主动力最大输出功率在108兆瓦以上，其中80兆瓦用于驱动四台法国科孚德机电公司生产的先进感应电动机。

伊丽莎白女王级的最大航速约为27节，虽然最高航速低于航母一般应具备的30节左右航速的标准，但是能够满足装备弹射器的常规航母起降飞机的要求，对于短距滑跃起飞而言也不是问题。

MT30燃气轮机还采用了模块化结构，更换时可连同外壳一起取出，换上备用发动机即可；维修时不需拆卸整机，且各模块的设计均已预设了安装时的平衡校准，拆卸、换装模块后无须重新校正，因此扣除冷机时间外，平均修理时间仅为4小时，大幅度节约了工时。

伊丽莎白女王级的电子系统与武器装备碍于预算拮据而相当精简。其舰身没有直接用于防御的装甲，在重要部位可能有加厚钢板和凯夫拉复合材料，以防弹片造成的损伤。单舰点防御自卫武器包括三座美制MK-15 Block 1B密集阵近程防御武器系统，以及四座DS30B型30毫米舰炮。此外，舰上还将布置箔条、诱饵以及电子干扰装备等软杀伤装备。

伊丽莎白女王级最多能容纳36至40架舰载机，包括4架直升机和36架F-35B型战斗机，机库最多可容纳两个中队共25架F-35B。舰载机有多种编制，在平时状态下，舰上编制一个中队9至12架F-35B、4架加装MASC的预警直升机与6架多用途"灰背隼"EH-101直升机,，并另外配置1至2架通用直升机执行垂直补给或海面搜救任务。

在危机时期或北约重要演习中，伊丽莎白女王级将采用"打击编制"，搭载两个中队共30架F-35B、4架MASC预警直升机和6架EH-101反潜直升机。在实际作战时，伊丽莎白女王级将把对敌国陆地打击能力提升到最大，搭在两个中队共36架F-35B以及4架MASC预警机，不搭载EH-101反潜直升机。

在两栖突击模式下，舰上全部装载直升机，可选择混合编组18架EH-101运输直升机、6架"支奴干"CH-47运输直升机、6架"阿帕奇"AH-64武装直升机、4架监视海洋用的UAV

无人机或"守望者"无人侦察机或25架CH-47直升机。

伊丽莎白女王级舰电系统主雷达使用997型"工匠"中程三坐标多功能雷达，该雷达还包含有45型驱逐舰上安装的"桑普森"多功能雷达的电子子系统，其设计可靠性更强，并降低了维护需求；采用泰雷兹集团生产的S1850M远程电子扫描搜索雷达作为主要对空雷达，还安装SMART-L多用途雷达，超电子

系列2500型电光学系统和声光导航信号系统。

对于航母而言，最重要的战斗力要素还是舰载机，而不是舰上搭载的其他武器或电子系统，因此电子武装系统只要能满足航空母舰作战的基本要求即可。

伊丽莎白女王级为了最大幅度地降低人力需求，尽可能提高自动化程度，使用更多机械设施来减少弹药搬运和挂载作业所需的人力。同时也在舰上人员的日常管理方面采用了许多方法，例如机械化的仓储设施、将厨房减少为一个、同时为军官与士兵供餐、以可重复使用的杯子盛装饮料而不供应易拉罐以减少垃圾等。

拓展阅读

2017年12月7日，在英国朴次茅斯港，英国海军"伊丽莎白女王"号航母举行服役仪式。英国女王伊丽莎白二世亲自登上这艘以她命名的航母，并出席典礼。"伊丽莎白女王"号不仅填补了英国近年来的航母空缺，而且也以6.5万吨的满载排水量，创造了英国海军航母吨位的最高纪录。

法国戴高乐级核动力航空母舰

　　"戴高乐"号航空母舰是一艘隶属于法国海军的核动力航空母舰，正式成军于2001年5月18日。该舰除了是法国正在服役的唯一一艘航空母舰外，也是法国海军的旗舰。

　　法国早在1970年代中期时就已开始规划下一代航空母舰的建造计划，但是"戴高乐"号的龙骨实际上却是在1989年4月才在法国船舶建造局位于布雷斯特的海军造船厂中安放

起建。

在开始规划时，该舰原本是被当时的法国总统密特朗依照法国海军旗舰命名的传统，命名为"黎塞留"号以承继二次大战时的战舰"黎塞留"号。但在1989年实际起造时又被当时的总理、戴高乐主义派的席哈克命名为"戴高乐"号。

由于冷战时代的结束，再加上经济不景气导致的国家财政困难，原定1996年服役的"戴高乐"号工期一再延误，直到1994年5月时才完工下水，以致连服役日程也延至1999年。

之后由于陆续发现核反应堆强度不足与斜向飞行甲板长度无法安全起降美制E-2C鹰眼式空中预警机，而在2000年时又进行了甲板延长改造工程，将斜角甲板的长度增加了4米，致使正式启用日程一延再延。

2001年5月18日，戴高乐号正式服役，比原本预计的就役

时间足足晚了5年。同年9月11日发生了"9·11事件"，为了协助美军扫荡阿富汗塔利班政权，"戴高乐"号与随行的护卫舰队首度穿过苏伊士运河进入印度洋，于12月9日到达巴基斯坦卡拉奇南方的海域上。

在美军主导的攻击行动中，"戴高乐"号上的舰载机至少进行了140次以上的侦察与轰炸任务，这是该舰服役以来第一次参与作战任务。2002年3月，"戴高乐"曾进入新加坡港进行休息补给，并于7月1日时返回母港土伦港。

"戴高乐"号航母长261.5米，宽31.5米，飞行甲板宽64.4米，吃水8.5米，标准排水量35500吨，满载排水量39680吨，2座核反应堆，8.3万马力，航速27节，核反应堆加一次燃料可工作5年以上。全员编制1700人，其中舰员1150人，航空人员550人。

"戴高乐"号航母综合了最新的造船技术、成熟的核动力装置、增强的防护措施和完善的甲板。该舰从龙骨至飞行甲板间，有1双层舰底和8层甲板，将纵横舱壁分隔成20个水密舱，形成2200个隔间的整体式箱型结构，具有高度的抗沉性。

为了减少横摇、纵摇与偏航，在舰体外装了2对主动式减摇鳍、一对稳定舵并在舰体内一组快速调整的压载系统，形成一个计算机控制的稳定系统，大大提高了航行的稳定性，使操纵舰载机的作战功能显著增加。

"戴高乐"号航母采用K15型原子反应堆，性能优良，结构紧凑。节省了传统动力装置所需的储油舱，可用于装载舰载机的燃油，增加了舰载机的飞行作战时间。大幅度降低了使用费用和提高了续航力。

该舰舰体的水下部分采用多层或双层结构，因此有非常好的抗水下爆炸能力。舰上电子与电气设备，具有承受核爆炸电磁脉冲的能力，通信功能、舰载机弹射或回收舰载机基本不受爆炸或核辐射的影响。

本舰的纵向飞行甲板与斜向着舰甲板上，分别装一个美国设计、法国制造的C13-3蒸气弹射器以及自动着舰光电助降系统。它能将着舰机相对于着舰甲板中线的位置，最佳下滑坡道、进场高度、速度等数据，传送给着舰机。当助降系统与着舰机的自动驾驶仪相配合，就可构成闭路导引全自动着舰助降系统。

"戴高乐"号配置的武器设备有4座"紫苑"-15八联装导弹垂直发射器，2座"西北风"六联装导弹发射器，8座20FI20毫米火炮，一套ARBR-21雷达电子战支援系统，一套ARBG-2通信电子战支援系统；两个ARBB33电子战干扰机、4个CSEE赛格伊干扰火箭发射器等以及35~40架固定翼与旋转翼飞机。

在"戴高乐"号航母的作战系统内，SENIT8作战管理系统构成了实时作战系统核心。SENIT8用于融合、处理和显示航母各种传感器装置的输入来完成实时图像编辑、战术数据分配、威胁评估、武器分配和控制。

应用软件模块提供空海监视，进行不断的战术态势更新、威胁评估、武器系统协调和控制、航母群控制、飞机控制以及数据链信息管理、相关的分配。这些功能由基础结构软件核心支持。SENIT8系统最多能管理2000条航迹。

SENIT8用双冗余以太网ED103网络。上面联结8个加固的HP公司生产的50MHz处理机用于作战。每个机柜有两个处理机，并且留一个空位给第三个处理机以便将来的能力扩展。ED103网络以每秒10Mb工作。优先信息的等待时间延迟以确定的方式为500微秒。用两个充分冗余的网络，SENIT8能同时实时运行战术应用软件和脱机训练软件。

SENIT多功能控制台基于HP9000系统700UNIX工作站，它使用99MHzPA—RISC处理机和65/19英寸彩色显示器。每个工作站实时地融合合成视频和粗雷达或红外视频。还可调用表页威胁优先数据。操作手接口使用一个跟踪球和两个软键控制板；左边的面板用于一触快速反应命令，右边的面板用于专用系统参数的输入。

　　"戴高乐"号是史上第一艘在设计时加入了隐身性能考虑的航空母舰。然而由于吨位只有美国的同类舰只一半，因此只配备了两具舰首弹射器，美军航母通常为四具；而舰载机的上限也只有40架上下，主要包括海基版本的"阵风"式战斗机与"超级军旗"攻击机两款法制战机，以及美制的E-2C"鹰眼"式空中预警机。

　　"戴高乐"号配备有非常先进的电子设备与法国最新锐的紫苑15型防空飞弹与萨德拉尔轻型短程防空飞弹系统，使得整体的攻击能力远远超过过去法国拥有过的几艘航母。SENIT8有24个作战工作站，其中15个是双屏系统操作手控制台，9个是单屏图像显示器。

　　在SENIT8内还综合了两个Precilec战术台。每个战术应用编辑了近百万条指令。传感器包括远程搜索、警戒、飞机导向和控制雷达，红外搜索跟踪系统和雷达通信波段的电子支援措

施。对空监视两维远程雷达工作在D波段，有一个双机柜32模块的固态发射机，探测距离350千米以上。

DRBV15C两维E/F波段雷达对于空中和水面目标进行监视，使用固态平面天线，可用于监视和导弹探测，对海上防御和局部空中管制提供中距离覆盖。

"戴高乐"号航母还有DRBJ11B/F波段3D相控阵多功能雷达，提供100海里左右的飞机导向和拦截控制。岛的前后装有DRBN34A导航雷达等。

SAGEM红外搜索跟踪系统提供被动探测和跟踪。SAGEM还配备VIGY105光电跟踪和射击控制系统，用于对空海目标监视、识别、自动跟踪、目标指示和火力控制。配有数据链用于与其他水面舰艇和E-2C"鹰眼"AEW飞机交换战术数据。另外还配有ARBR21ESM系统。

"戴高乐"号航母通过SENIT8管理自动防御系统。主要用于防护敌空中攻击。SAAM点防御导弹系统构成主要的硬杀伤防御。SAAM由4座八联装SYVLER垂直发射系统和一个基于ARABEL相控阵火控雷达的火控装置组成。

"戴高乐"号航母还装两座六联装导弹发射装置，用来发射"西北风"红外寻的导弹。其有效射程约5000米，用于末端防御。4个AMBL2A诱饵发射器负责迷惑和引诱来袭导弹，消除威胁。标枪发射器利用10管可旋转和仰射的发射器发射170毫米箔条和IR诱饵火箭。

"戴高乐"号航母上的通信综合在大容量多业务通信数据网络上。SDG作为数据传输主干，SDG有200个多功能终端，

1000部电话、200个可视图文信息终端。

　　卫星通信系统能使"戴高乐"号航母保持同司令部、其他舰艇和友军的通信。把上述三种情况综合为外部传输系统，它还包括外部的HF、VHF和UHF通信、控制传输及接收配置的计算机管理功能和自动信息分配。

　　以计算机为基础的指挥、控制、通信和情报功能由AIDCOMER指挥支持和规划系统提供。还有一个环境报告系统提供500海里以外的气候和传播条件的数据。使用基于PC的信息技术，支持飞行作业和甲板弹着观察。

　　"戴高乐"号航母以两个K15水压反应堆核装置为动力，每个装置产生150兆瓦功率。平台管理由SSCI平台管理系统行使。SSCI包括30000多个传感器，250个模拟器和45个控制台通过全舰范围的FDDI网络连接起来。

拓 展 阅 读

　　法国核动力航空母舰"夏尔·戴高乐"号于1989年动工，1994年下水，2001年5月正式服役。"戴高乐"号是法国史上拥有的第十艘航空母舰，其命名源自于法国著名的军事将领与政治家夏尔·戴高乐。

法国克莱蒙梭级航空母舰

　　克莱蒙梭是法国历史上著名的将领，以他的名字命名的克莱蒙梭级航空母舰则是法国著名的一级航空母舰。它是法国海军自行建造的第一级航空母舰。

　　该级舰共建造两艘，首制舰即"克莱蒙梭"号，于1955年11月开工，1961年11月入役。第二艘舰"福煦"号建于1957年2月，1963年7月服役。

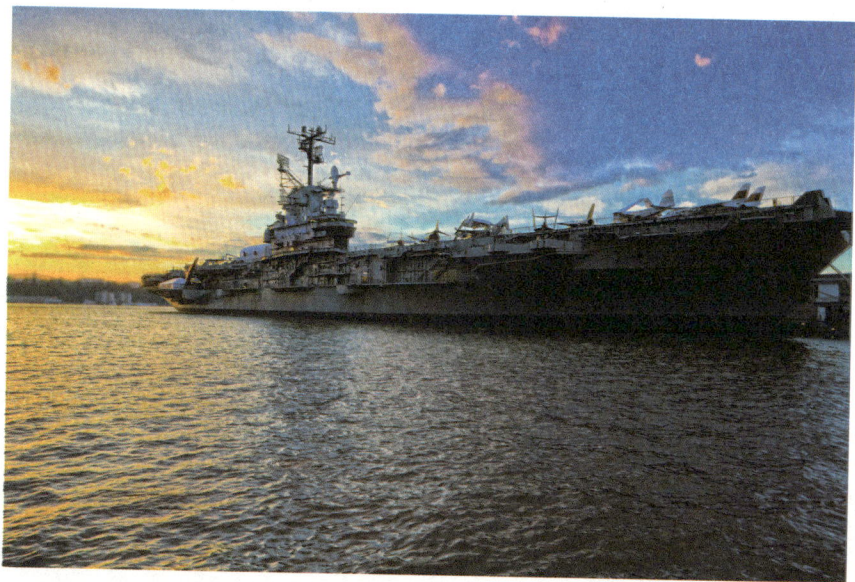

法国海军在第二次世界大战后曾拥有5艘航空母舰，最旧的是法国在大战前所建造的"贝亚恩"号，但其中使用价值很有限。两艘是1946年向美国租借的"波亚·贝洛乌"号及"拉法叶"号，分别于1960年与1963年归还。

另一艘"德格斯密德"号则是一艘向英国租借来的货轮改造航母，多数时间被当作飞机运输舰使用，状况最好的是向英国租借的"亚罗曼切"号，其前身为英国皇家海军轻型舰队航母"巨人"号，该舰于1946年租借予法国，1951年售让，最后于1970年解体。

法国海军为了淘汰这些旧航母，因而设计了"克莱蒙梭"号和"福煦"号两艘航母，并于20世纪50年代起建造。法国在二战后期的航母实际操作上获得了不少宝贵经验，克莱蒙梭级融合了这些经验和技术。

克莱蒙梭级航母属于传统式设计，拥有倾斜度8度的斜角飞行甲板、单层装甲机库，以及法国自行设计的镜面辅助降落装置，两具升降机，两具弹射器，一具在飞行甲板前端，一具在斜角甲板上。烟囱则如同美国航母一般，结构于上部构造物之中而与舰岛合二为一。

法国发展了一系列飞机以供克莱蒙梭级航母搭载所需，包括达梭公司的"军旗"和"超级军旗"攻击机，以及布来盖公司的"信风"式反潜机。而战斗机则采用美国海军F-8E"十字军"式战斗机，美国在当时总共出售了42架F-8E给法国。

克莱蒙梭级航母全长265米，全宽51.2米，吃水8.6米；标准排水量27307吨，满载排水量32780吨。人员编制1821人，其中空勤483人。主机动力为2组帕森睛齿轮传动涡轮机，126000轴马力，航速32节。

克莱蒙梭级具有与美国大型航母相同的斜角甲板和相应设备。其飞行甲板长259米，宽51.2米，分为两个部分：一部分是舰前部的轴向甲板，长90米，设有一部BS5蒸汽弹射器，可供飞机起飞；另一部分是斜角甲板，长163米，宽30米，甲板斜角为8度，设有一部BS5蒸汽弹射器和4道拦阻索，既可供飞机起飞，又可供飞机降落。

在右舷上层建筑前后各有一部16×12米的升降机。它的机库长180米，宽24米，高7米，总面积4320平方米，分隔成3个库区。搭载的舰载机是16架"超级军旗"式攻击机、10架F-8E"十字军"式战斗机、3架"军旗"式IVP攻击机、7架"信风"式反潜机、2架以上"云雀"式或"皇太子"式直升机。

克莱蒙梭级的武器装备有"响尾蛇"防空导弹系统2组、100毫米Model1953G两用炮4门。舰载武器为8座100毫米自动炮，后来改装时用两座八联装"响尾蛇"舰空导弹取代了其中4座。

它的电子设备主要有一部DRBV-23B对空雷达，两部对海雷达，一部导航雷达，一部助降雷达，两部火控雷达等。

这两艘航母服役后进行了多次改装。"克莱蒙梭"号于1977年11月至1978年11月，"福煦"号于1980年7月至1981年8月分别进行了第一次大改装。

大改装的主要内容是：对动力等设备进行大修；改善舰员

居住条件；对飞行甲板和起降装置进行整修；安装"森尼特"战术数据系统；安装作战指挥用的内部电视系统；改装弹药库存放AN-52型战术核武器。

1985年9月至1986年9月，1987年2月至1988年10月，两舰又先后进行了第二次大改装。主要内容是用"响尾蛇"舰空导弹取代4座100毫米炮；加装2座"萨盖"电子干扰系统；增加"锡拉库斯"卫星通讯系统；提高弹射器和升降机的性能等。

克莱蒙梭级航母也可执行两栖作战任务，这时它可装载30~40架大型直升机和1个齐装满员的陆战营，也可以混合装载18架大型直升机和18架攻击机。

随着法国海军新一代核动力航空母舰首舰"戴高乐"号于2000年9月正式服役，克莱蒙梭级航母也完成了历史使命，"克莱蒙梭"号已于1997年7月退役，"福煦"号也于2000年退役并出售给巴西海军。

拓展阅读

克莱蒙梭航空母舰在20世纪70年代，是除了美国之外，唯一能够在中型航空母舰上常规起降战斗机的中型航空母舰，由于当时英国的早期航空母舰都已经退役，所以它是唯一在役的中型航母。

俄罗斯基辅级航空母舰

　　基辅级航母是苏联20世纪70年代建造的一型轻型航空母舰，是苏联海军发展的第二代航空母舰和第一级搭载固定翼舰载机的航空母舰，也是世界上第一级搭载垂直/短距起降战斗机的航空母舰。

　　与美国海军相比，苏联在航母发展上可以说是起步晚、发

展慢、水平低。直到1967年才出现了莫斯科级直升机母舰，但这是个非驴非马的东西，无法称其为航母。又经过几年努力，苏联在70年代中期终于拥有了使用垂直起降飞机的基辅级"战术航空巡洋舰或载机重型巡洋舰"，这才算是初步走上了发展航空母舰的正路。

它是苏联的第二代航空母舰，极具苏联特色。它有重型巡洋舰一样的武备，对护航舰艇的依赖性较小，苏联自称其为"重型载机巡洋舰"或"重型反潜巡洋舰"。

该级舰共有4艘，它们是"基辅"号、"明斯克"号、"新罗西斯克"号和"戈尔什科夫"号。

1970年，"基辅"号航母开工，1975年服役。1978年至1984年间，另3艘基辅级航母先后服役。该级舰排水量37100吨，设计目的是为苏联海军提供编队战斗机形式的空中防护，"基辅"号是该级航母的首舰。

基辅级航母采用常规动力，能装载12架雅克-38垂直/短距起降战斗机和20架卡-25反潜直升机。与美国航母单纯装载飞机和必要的防御武器不同，苏联的基辅级航母除了飞机还装备了大量射程达550千米的SS-N-12反舰导弹，具有巡洋舰一样的水上打击能力。

因此，西方称基辅级为介于航母与巡洋舰之间的一种过渡舰型，是"鸟中的蝙蝠"。在苏联于1991年解体及此后俄罗斯海军日趋衰弱的情况下，上述4艘航母都退出了俄罗斯海军现役。

与美国乃至西方其他国家航母的最大区别，是基辅级上装载有大量武器装备，除了舰载机，仅凭其本舰的强大火力，基辅级仍能发挥一定作用。

前3艘上的反舰武器为4座双联装SS-N-12远程反舰导弹发射装置，该导弹射程高达550千米；防空武器有双联装SA-N-3中程舰空导弹发射架和SA-N-4近程舰空导弹发射架各2座。

反潜装备为1部双联装SUW-N-1反潜导弹发射架、2座五联装鱼雷发射管和2座RBU-6000反潜火箭发射器；另有4座76毫米双联自动炮和8座30毫米单管自动炮。

第四艘"戈尔什科夫"号上的武器装备则有较大改变，双联装SS-N-12反舰导弹发射架增加到6座，撤除了SA-N-3和SA-N-4防空导弹发射装置，改为4组先进的SA-N-9舰空导弹垂直发射装置，每组6个发射筒，每筒备弹8枚，全舰备弹193枚，防空能力有了质的提高。

该舰上的双联装76毫米炮也被撤除，改为2座单管100毫米自动炮。反潜导弹、反潜火箭和鱼雷也被撤装，改为2座RBU-12000十联装反潜导弹发射器。

基辅级上装备了大量各型电子设备：1部"顶帆"三坐标对空雷达，1部"顶舵"对空和对海雷达，1部"顶结"归航引导雷达，4部"十字剑"以及"低音帐篷""鸮叫"火控雷达等，另有"马颚"舰壳声呐和"马尾"拖曳声呐。

"戈尔什科夫"号在电子装备上进行了大改进，以1部"天空哨兵"大型相控阵雷达代替了"顶帆""顶舵""顶结"雷达，但是在舰岛最高处安装了1部"顶板"三坐标值班预警雷达。

基辅级舰总共载机33架，分别为：12架雅克－38短距/垂直起降战斗机，19架卡－25或卡－27反潜直升机，另有2架卡－25B直升机用于超视距引导。

基辅级是继莫斯科级直升机母舰之后发展的苏联第二代航空母舰，舰上除搭载多架垂直起降飞机和直升机外，其武器装备甚至超过巡洋舰的水平。

因此，该舰对护航舰艇依赖性较小，同时也体现了苏联航空母舰的独特风格。它的主要使命是执行编队反潜和制空、防空任务，担任编队指挥舰，实施空中侦察和警戒，攻击敌航母编队和水面舰艇，并为其他水面舰艇和潜艇提供反舰导弹超视攻击中继制导或目标指示，支援两栖作战，实施垂直登陆等。

拓 展 阅 读

20世纪90年代，基辅级航空母舰末舰"戈尔什科夫"号退役后被印度买走。经过俄罗斯现代化改装之后于2013年交付印度海军服役，并更名为"维克拉玛蒂亚"号。

俄罗斯"库兹涅佐夫"号航空母舰

　　"库兹涅佐夫"号航空母舰，是俄罗斯最新型的航空母舰，在苏联时期建造，原名"苏联"号、"克里姆林宫"号、"布里兹涅夫"号、"第比利斯"号，1991年服役时易名"库兹涅佐夫"号，舰号063。该舰和其他俄制航空母舰一样，除舰载机外仍有相当强大的战斗力量，现部署于北方舰队，是俄罗斯唯一一艘仍在服役的航空母舰。

　　1983年2月22日，苏联开始在尼古拉耶夫黑海造船厂新扩

建的船台上敷设"库兹涅佐夫"号航空母舰的龙骨。经过两年多的全力建造,"库兹涅佐夫"号航母于1985年12月下水,1991年1月正式加入海军现役。

在首舰开工两年多后,该级第二艘"瓦良格"号也随之开工建造,发展势头非常良好。1988年,又动工建造更接近美国大型航空母舰的"乌里扬诺夫斯克"号核动力航空母舰。该舰装有蒸汽弹射器,排水量增至8万吨。

然而,由于苏联的解体、经济的衰退,尚未完工的"瓦良格"号和"乌里扬诺夫斯克"号航母就被迫下马。虽然最终只剩下一艘"库兹涅佐夫"号航空母舰,但它具有里程碑式的意义,因为它是"苏联海军史上第一艘真正意义上的航空母舰"。

"库兹涅佐夫"号全长306.3米,水线长279.9米,宽37米,吃水9.87米,标准排水量53000吨,满载排水量65000吨,最大排水量66000吨。

该舰动力装置为4台蒸汽轮机,总功率200000万马力,最大航速29节。其飞行甲板长304.4米,宽72米,机库长152米,宽26米,高7米。其人员编制为1960名,其中600余名航空人员。

"库兹涅佐夫"号航母装载了强大的防空火力。配置4座SA-N-9垂直发射防空导弹,每座有6个发射单元,每个单元备弹8枚,总共备弹192枚,射程15千米;另有8座CADS-N-1"嘎什坦"弹炮合一近防系统,配置2座30毫米6管炮和8枚SA-N-11近程导弹,火炮射程2500米,导弹射程8000米。

此外,还装备有AK-630型6管30毫米炮4座,射程2500米,发射率每分钟3000发。作为反潜武器，该舰在舰尾两舷处各布置了一座RBU-12000十联装火箭深弹发射器，射程12000米。

该舰的电子设备有一部"天空哨兵"相控阵雷达，一部MR-710"顶板"三坐标对空/对海雷达；两部MR-320M"双支撑"对海雷达；4部MR-360"十字剑"火控雷达；8部3P37"热闪"火控雷达；一部"蛋糕台"战术空中导航雷达。

电子对抗设备为"酒桶"和"钟"系列，另有两部PK-2和10部PK-10干扰箔条发射器。

该舰的与众不同之处就是它是一个奇妙的混合物：它既有舰队型航母特有的斜直两段甲板，又有轻型航母通用的12度上翘角滑跃式起飞甲板；虽然没有装备弹射器，却可以起降重型固定翼战斗机。

这之中的奥妙就在于它将英国首创的滑跃式起飞方式与自己气动性能优异的苏-27战斗机相结合，在牺牲飞机作战性能的情况下，仍不失为独具特色的"大型航空母舰"。 该舰的服役使世界海军中首次出现了滑跃起飞、拦阻降落这一新颖的舰载机起降方式。

"库兹涅佐夫"号航空母舰的载机方案为：20架苏-33战斗机，15架卡-27反潜直升机，4架苏-25UGT教练机和两架卡-29RLD预警直升机。它的舰载机型号虽少却性能优异。

苏-33战斗机是舰上最出色的舰载机。它是苏-27的改进型，原叫苏-27K。它既保留了苏-27的全部优点，又作了多方面的适应舰载的重大改进。

苏-33战斗机首次使用了水平全动式鸭翼，大大提高了飞机

的机动性以及从甲板上短距起飞的可控性和稳定性。机上装有驾驶导航系统，可以保证飞机自动完成从降落到着舰整个过程。

苏-33战斗机上还装有边跟踪、边扫描的相干脉冲多普勒雷达和其他先进电子系统，具有下视下射能力，可担负各种作战任务。它既能挂空空导弹进行近距格斗，又能挂空舰导弹打击敌方水面战舰，还能挂航空炸弹对陆实施攻击。

卡-27反潜直升机也具有相当强的反潜能力。

"库兹涅佑夫"号自身防御火力超过了美国"尼米兹"级航母。

一般来说，航母仅配备少量的防御自卫武器，防御任务主

要靠航母编队的驱护舰和航母上的舰载机来担负。可是，"库兹涅佐夫"号航母除舰载机外，还拥有大量的武器装备，其战斗力比普通巡洋舰都强。

在它舰艏的飞行甲板下方共装有12座SS-N-19垂直发射反舰导弹装置。这种导弹可通过卫星接受目标信息，实施超视距打击，最大射程可达550千米。

它的防空武器更为强大。在飞行甲板两侧前后4个舷侧平台上布置4组6×8个发射单元的SA-N-9舰对空导弹垂直发射装置，共装有导弹192枚。4个舷侧平台还装有8座CADS-N-1弹炮合一近程武器系统，每座系统包括两座6管30毫米AK-630炮和2

组4联装SA-N-11近程舰对空导弹。

不难看出，该舰的防空火力已远远超过美国尼米兹级航空母舰，足以有效地抗击对方大数量、多批次、多方向的"饱和攻击"。此外，该舰的反潜能力同样十分强悍，除配有反潜直升机外，还有两座10管RBU-12000火箭深弹发射装置，可以消灭深1.2万米处的水下目标。

为了最大限度地增强作战能力，该舰也配备了众多的俄罗斯最先进的电子装备，如十分引人注目的"天空哨兵"多功能相控阵雷达。这种雷达与大名鼎鼎的美国"宙斯盾"舰载雷达极为相似，具有跟踪精度高、抗干扰能力强、可靠性高等优点，能对多批次目标进行探测、识别和跟踪。

苏联/俄罗斯航母的发展可谓历尽沧桑，在经过"莫斯科"和"基辅"两代"准航母"之后，俄罗斯动用了800多个行业的专家和大约7000多个工厂、制造厂最终建成了"库兹涅佐夫"号，圆了拥有大型航母的长久梦想。

拓展阅读

"库兹涅佐夫"号航母以库兹涅佐夫海军元帅名字命名。库兹涅佐夫在二战前后一共担任过18年的苏联海军总司令，是苏联航空母舰的积极倡导者。

日本出云级"准航空母舰"

日本建造的出云级直升机驱逐舰，为日本海上自卫队有史以来建造的最大作战舰艇，其长248米，宽38米，满载排水量26000吨的尺寸超越了很多国家的轻型航母，与已经部署F35B的美国"黄蜂"号航母甲板尺寸相差无几。

该级舰一方面继承了自大隅级开始的右舷舰岛加全直通甲板的整体布局，另一方面在甲板布局上更突出航空效率。因

此，韩国《朝鲜周刊》、美国《全球安全》等媒体均视其为"准航母"。

出云级舰共两艘，首舰于2010年完成防卫预算下拨，2013年8月6日下水，以日本古国而命名为"出云"号。本级舰除了舰体规模比日向级更为庞大外，还拥有日向级所不具备的两栖部队运输能力和海上补给能力，舷侧设有两栖部队滚装舱门，舰尾设有燃料纵向补给设施，多任务能力有较大提升。

2014年9月21日，"出云"号首次离开舾装码头，开赴外海海试。2015年3月25日在海洋联合公司横滨矶子工厂交付日本海上自卫队并举行交舰成军仪式，成为日本第一护卫群的新旗舰。

二号舰于2012年完成防卫预算下拨，2015年2月建造完工，同年8月27日下水，命名为"加贺"号，继承二战珍珠港事件突击航母之一的"加贺"号航空母舰舰名。2016年8月2日，"加贺"号离开矶子工厂开始海试。

出云级是日向级的放大改良版，仍沿用全通式飞行甲板、右舷舰岛类似航空母舰布局，全舰长增至248米，飞行甲板宽38米，标准排水量达19500吨，可容纳14架直升机，同时起降操作5架直升机。

为了适应舰体尺寸的增加，舰上的四具LM-2500燃气涡轮机的推力比日向级提升，单机功率可达33600马力，使最大航速维持在30节的水平。

出云级舰上的电力由LM-500燃气涡轮发电机提供，每个机组功率约6000马力；LM-2500燃气涡轮主机与LM-500燃气涡轮发电机都由美国通用电气授权日本生产。

与日向级相比，出云级的升降机布置经过变更，前部升降机仍位于上层结构前端左侧，面积则至少与日向级上较大的后部升降机相当；而出云级的后部升降机则移至舰岛后方右舷，面积更大且为舷外形式，足以操作更大型的舰载机。

加上出云级飞行甲板前部左侧取消了日向级的内削构型，增大了可用面积，飞行甲板长度可使F-35B不靠滑跃式甲板而进行短距起飞，因此有人推测出云级已经具备了F-35B战机的起降操作能力，包括提高甲板强度与耐热焰能力。

资料显示，意大利"加富尔"号航空母舰与西班牙"胡安·卡洛斯一世"号战略投送舰，这两者舰体长度都在230米以上，但是也都配备了滑跃式甲板来让满载油弹、全副武装的F-35B起飞。

出云级下甲板机库长125米，宽21米，高7.2米，分为前、后两区，中间设有防火隔门。出云级的机库以下设有三层甲板，比日向级多出一层。而出云级的后部升降机则移至舰岛后方右舷外侧　，因为相较内部升降机舷外升降机对舰载机的尺寸宽容度较大。

相较于日向级，出云级的船电设计取消了MK-41垂直发射系统与舰载的HOS-303 324毫米短鱼雷发射器。上层结构设置4个相控阵雷达天线，省略用来导控导弹的X波段照明阵列以及后端的零零式火控系统，主要担负对空搜索/监视以及航空管制，最大搜索距离达到360千米以上。

出云级拥有完善的指挥设施，包括日本构建的"海幕"卫星数据传输指挥系统以及多种与海自、美军兼容的数字数据传输和通信系统，除了本舰的战情中心之外，还有旗舰司令部作战中心，而多功能舱室可作为统合任务部队司令部，可容纳100名指挥人员。

自卫防空方面，出云级配备两座"海拉姆"短程防空导弹系统以及两座密集阵近程防御武器系统，这4座武器分别设置于前段舰岛底部右侧的舷外平台、舰体前部左舷外平台以及舰尾两侧的两个舷外平台。

此外，出云级另外增设日向级所没有的车辆滚装甲板，可容纳陆上自卫队3.5吨级卡车50辆，并可输送400名部队。舰上还可储存3300吨的补给用燃油，能为3艘海自驱逐舰进行海上燃料补给。出云级舰上编制470名官兵，并且另可搭载500名人员，最多能容纳4000人。

拓 展 阅 读

韩国《朝鲜周刊》认为，日本可以在两个月内把这级搭载直升机的驱逐舰变成能搭载攻击机的轻型航母。拿甲板来说，在原有甲板上加铺一层由特殊钢材和复合装甲材料制成的钢板，其强度、耐高温性和防滑性均可达到美国尼米兹级航母的水平。

印度"维克兰特"号航空母舰

    "维克兰特"号航空母舰，是印度海军隶下的一艘小型航空母舰。维克兰特号航空母舰原是二战时英国皇家海军的尊严级航空母舰第五艘"大力神"号，1943年10月14日在英国维克斯·阿姆斯特朗造船厂开工，1945年9月22日下水，因二战结束而一度中断工程。

    1957年，由印度购得该舰后，进行了现代化改造，1961年

完工并命名为"维克兰特"号，意为"彻底击败胆敢同我作战之人"。该舰于1961年3月4日服役，1997年1月31日退役，2014年拆解。

早在1940年，英国皇家海军就着手准备实施大型舰队航母怨仇级航空母舰改进型的建造计划，为了吸取作战经验，直到1942年才动工，一共计划建造4艘。

为了避免战争期间资金困难，1941年到1942年，英国海军部又制订了建造一种更适用的小型或轻型航空母舰的计划，这就是巨人级航空母舰，并计划建造16艘。第一批4艘于1944年12月完工，在战争期间相继开工10艘，实际完成6艘，共建成10艘。

巨人级建造计划中未完成的6艘为了适应载机重量的增加，强化了航空舾装和飞行甲板，使舰上的飞机运用能力从

6.7吨增大到9.1吨，同时改善了防空武器和雷达装备，被称为尊严级或威严级，其主尺度、主机与巨人级相同，只是排水量有所增加，载机量和火炮有所变化。

1943年4月15日，尊严级首舰"尊严"号在维克斯-阿姆斯特朗集团下辖的巴罗因弗内斯海军造船厂开始建造。1943年10月14日，尊严级5号舰"大力神"号在英国维克斯·阿姆斯特朗造船厂开工，1945年9月22日下水。然而，由于二战已经结束，海军部下令终止造舰计划，包括已经下水的尊严级及其同级的另外5艘姊妹舰。英国在1946年5月停止建造被搁置在船台上的"大力神"号，其当时已完工75%，之后1946年恢复建造。

1957年，"大力神"号被印度购得后，进行了大幅度的改造。改造后的"维克兰特"号航空母舰性能介于舰队航母和护航航母之间，为了做到增大尺寸而不增加排水量，取消了装甲，采用单层机库和轻型防空炮以及巡洋舰主机，降低了航速。

1961年3月4日，印度海军在北爱尔兰首府贝尔法斯特举行了"维克兰特"号的入役仪式，同年11月3日驶回孟买加入印海军服役。该舰的入役使印度成为战后亚洲第一个拥有航母的国家。

"维克兰特"号舰长211.8~213.3米，舰宽24.4~24.5米，吃水深度7.3~7.5米。飞行甲板长213.6米，宽24.4米；改装后长210米，宽39米。标准排水量14000~14224吨，改装后15700吨；满载排水量19500吨；舰员编制1050~1340人。该舰的动力系统为2座蒸汽轮机，4台锅炉，功率40000~42000马力，航速24.5~25节；航速为14节时，续航力为10000海里。

"维克兰特"号航空母舰沿用了高干舷、封闭式舰首的布局，舰桥、烟囱一体化的岛式上层建筑位于右舷，飞行甲板前部和后部各设有一部升降机。印度购买后，在舰艏加上一个蒸汽弹射器和加装了斜角甲板，修改了舰岛结构。1984年改装又安装了滑跃甲板、着舰灯光系统和跑道对准系统等。

"维克兰特"号航空母舰的武器配置为16门博福斯式40毫米防空炮，后减为8门。舰载机34至52架，最初搭载英国"海鹰"战斗轰炸机和法国"贸易风"反潜机。1983年采用多用途"海鹞"飞机取代原先的"海鹰"飞机。

1971年，以"维克兰特"号为主体的航母战斗群参加了第三次印巴战争，控制了战区制空、制海权，舰上的"海鹰"战斗轰炸机和"贸易风"反潜机累计出动4000多架次，成功地袭击了东巴海港及军事基地，共击沉巴海军舰只8艘。

拓 展 阅 读

2002年，印度海军开始国产航母的自建计划。新建航母仍命名为"维克兰特"号。性能数据为长260米，宽60米，排水量37500吨，最高航速28节。印度政府新闻信息局发表声明称，印度海军将于2020年对首艘国产航母进行航行试验。

泰国"差克里·纳吕贝特"号航母

　　"差克里·纳吕贝特"号航空母舰，是泰国皇家海军隶下的一艘航空母舰，是泰国第一艘航母，也是世界上最小的航母。该航母以泰国曼谷王朝开国君主的名字命名，于1994年开工，1996年1月20日下水，1998年服役。

　　"差克里·纳吕贝特"号航母的服役，使泰国成为第二次世界大战后亚洲第二个拥有航母的国家。亚洲第一个拥有航母的国家是印度。

　　泰国既是个大陆国家，又是个海洋国家，20世纪80年代国防战略重点是陆上边界，随着越南从柬埔寨撤军，泰国的战略重点开始转向海上，海军建设进入了快车道。

　　为了担负保护国家安全、捍卫海洋权益以及海上救灾等使命，泰国海军决定引进一艘轻型航空母舰，并邀请国外9家造船公司进行竞标。

　　1992年3月，西班牙巴赞造船公司以建造"阿斯图里亚斯亲王"号轻型航母的资历一举中标，并于1994年7月12日开工兴建这艘名为"差克里・纳吕贝特"号的轻型航空母舰。

　　"差克里・纳吕贝特"号航空母舰全长182.6米，宽22.5米，吃水6.25米，标准排水量7000吨，满载排水量11485吨。

其动力装置为柴-燃联合形式，2台LM-2500燃汽轮机，功率44250马力，2台柴油机，功率11780马力，双轴双桨，最大航速26节，速度12节时，续航力为10000海里。

该舰的飞行甲板长174.6米，宽27.5米，前部为上翘12度的滑跃跑道。飞行跑道偏向甲板左舷，跑道中线与舰体中线形成一个向右的3度小斜角，飞行甲板可供5架直升机同时作业。在上层建筑前方和舰尾甲板上各有1台飞机升降机，每台可起重20吨。

飞行甲板下面为机库，全长100米，中间一道防火帘将其分为前后两部分，可存放15架"海王"直升机或12架AV-8S"鹞Ⅱ"垂直起降战斗机，机库内有2台与水线下弹药舱相连的升降机，专为飞机供弹。该舰标准载机为12架AV-8S"鹞Ⅱ"垂直起降战斗机或14架"海王"直升机。舰员编制为455

人，航空人员为146人。

该舰的防空武器为1座八联装"海麻雀"舰空导弹发射装置和4座"密集阵"近防系统，另外也有加装3组"萨德拉尔"近防系统的计划。作战指挥系统以UYK-20计算机为核心；对空雷达为三坐标的SPS-52C型，对海雷达为SPS-64型，导航雷达为休斯公司的1105型。舰上有4座MK-36干扰火箭发射器和1部SLQ-32拖曳式诱饵系统。

作为航空母舰，"差克里·纳吕贝特"号在世界航母家族中是"小字辈"，但不可否认的是，它使泰国海军在东南亚的地位得以提高，成为该地区最强大的一支海上力量。泰国海军在战时具备了可以随时出动的前进基地，在平时的海上救援行动中也有了一个理想的指控、通讯中心。

拓展阅读

泰国是个台风灾害多发的地区，1989年发生了一场特大风灾，造成大量渔船沉没，沿岸民房倒塌，虽经海军全力援救，终因出动的舰艇吨位都较小，能活动的距离较近，仍有大量渔民和滨海灾民死亡或失踪。这或许是泰国积极购买航母的动因之一。